大型企业生产安全
风险管控模式研究

柳长森　著

科学出版社

北京

内 容 简 介

本书聚焦于我国安全生产实际，为遏制当前事故频发态势，采用系统安全思维和风险管控方法，研究企业的安全生产问题。本书首次采用"物理-事理-人理"方法论，对我国大型企业的安全风险因素进行归纳总结，将系统动力学与该方法论相结合，来研究生产系统中多种风险因素的耦合作用关系；提出并构建了具有东方文化特色的生产安全风险管控模式；基于提出的全新安全管理观点，对四家大型企业进行案例分析，给出企业生产安全风险的管理建议。全书所涉内容是安全系统工程研究的一种创新尝试，为解决我国企业的安全生产问题提供了一种思路和方法。

本书可作为企业安全管理人员、政府相关安全主管部门人员和大专院校研究人员培训和研究参考用书。

图书在版编目（CIP）数据

大型企业生产安全风险管控模式研究 / 柳长森著. —北京：科学出版社，2018.6
　ISBN 978-7-03-056963-9

　Ⅰ. ①大… Ⅱ. ①柳… Ⅲ. ①大型企业-安全生产-风险管理-研究-中国 Ⅳ. ①X931

中国版本图书馆 CIP 数据核字（2018）第 050147 号

责任编辑：王丹妮 / 责任校对：杨聪敏
责任印制：霍　兵 / 封面设计：无极书装

科 学 出 版 社 出版
北京东黄城根北街 16 号
邮政编码：100717
http://www.sciencep.com
中国科学院印刷厂 印刷
科学出版社发行　各地新华书店经销

*

2018 年 6 月第 一 版　开本：720×1000　1/16
2018 年 12 月第四次印刷　印张：10 1/2
字数：212 000
定价：**68.00 元**
（如有印装质量问题，我社负责调换）

作 者 简 介

　　柳长森，男，1972年3月出生，汉族，籍贯山东省东阿县，出生地黑龙江省友谊县，1996年7月毕业于华北工学院（今中北大学）安全工程系，获工学学士学位；2005年12月毕业于对外经济贸易大学，获工商管理硕士学位；2016年12月毕业于中国科学院大学经济与管理学院，获管理学博士学位。在中央企业从事安全生产、应急管理工作十余年，2007年至今，在国务院国有资产监督管理委员会综合局负责中央企业安全生产、应急管理工作，组织起草了多个有关中央企业安全生产、应急管理方面的法规、制度，参与过多起特别重大生产安全事故的处置和调查。发表过《中外安全生产管控体系比较研究》《基于WSR方法论的企业安全风险管控模式研究——"11·22"中石化管道泄漏爆炸事故案例分析》等学术论文。

序　一

　　系统方法论是在一定的系统哲学思想下，用于解决问题的一般程序、逻辑步骤和通用方法。20 世纪 90 年代，我国科学家钱学森等提出了从定性到定量的综合集成方法，促进了我国系统工程方法论的研究与发展。实践表明，系统方法论的丰富与发展，为解决复杂巨系统问题提供了重要思路和有效途径。

　　WSR 方法论是"物理（wuli）-事理（shili）-人理（renli）系统方法论"的简称，是我和朱志昌博士于 1994 年在英国赫尔大学提出的。它既是一种方法论，又是一种解决复杂问题的工具。在观察和分析问题时，尤其是观察分析带复杂特性的系统时，WSR 方法论体现出其独特性，并具有中国传统的哲学思辨，是多种方法的综合统一；WSR 方法论是将物理、事理和人理三者配置并有效利用以解决问题的一种系统方法论，"懂物理、明事理、通人理"就是 WSR 方法论的实践准则。当前 WSR 方法论在系统分析、管理科学、社会经济、生态环境、军事与装备、信息化等领域已有大量的应用。

　　近年来，我国大型企业的重特大事故时有发生，如山西王家岭煤矿透水事故、山东省青岛市"11·22"中石化东黄输油管道泄漏爆炸事故、江西丰城电厂施工平台倒塌事故等。这说明大型企业的安全生产管理模式存在许多不足之处，急需进一步深入研究与改进。《大型企业生产安全风险管控模式研究》一书，基于 WSR 方法论，结合安全风险管理理论和系统动力学，在分析大型企业生产安全风险特征的基础上，阐明了 WSR 方法论在生产安全领域的适用性，从物理、事理、人理三个层面归纳出大型企业的生产安全风险因素，分析得出安全风险转化为事故是由多个层面的风险因素耦合作用导致的。根据大型企业"物理-事理-人理"的风险因素分析，构建系统动力学的指标体系和安全风险管控的系统动力学模型，分析了生产系统不同风险因素之间的因果关系。采用 PDCA（plan-do-check-action）循环程序对"物理-事理-人理"风险因素进行全面控制，将我国传统文化"懂物理、明事理、通人理"与我国大型企业安全生产实际相结合，更有利于安全风险因素的辨识和控制。

　　《大型企业生产安全风险管控模式研究》一书研究并提出了一个具有东方文化特色的企业安全风险管控模式，是对 WSR 方法论的进一步探索发展，是对安全风险管控的一种创新尝试，为有效解决我国企业的安全生产问题提供了新的思路和方法，我将此书推荐给大家，希望更多学者和企业管理人员将系统科学思想应用到安全生产领域，进一步推进安全系统工程的研究与发展。

顾基发

欧亚科学院院士

国际系统与控制科学院院士

2018 年 1 月

序　二

近年来，我国企业安全生产状况总体平稳向好，但形势依然十分严峻，事故总量仍然很大，重特大事故多发势头没有得到有效遏制。要破此困局，创新安全生产管理理论，以先进的安全生产管理理论指导安全生产实践是必由之路。当前我国的安全生产管理理论研究相对薄弱，安全生产管控模式基本以西方经典安全管理体系为主，这种由外而内推动安全生产管理工作的体系，由于理论文化背景的差异，在实际运行中往往"水土不服"。因此，原创一套符合中国文化传统的安全生产管理理论，创建一套具有中国特色的安全生产管控模式，在实现中华民族伟大复兴中国梦的过程中，显得尤为紧急和迫切。

安全生产事关人民群众的生命财产安全、事关改革发展稳定大局、事关党和政府的形象和声誉。党的十八大以来，党中央、国务院做出一系列决策部署，从增强红线意识、健全责任体系、强化企业责任、加快改革创新等方面，为我国安全、健康发展谋篇布局，明确了安全工作的努力方向和重点任务。抓好我国企业的安全生产工作，既要牢固树立新发展理念，还要从系统的角度出发，以风险管控为前提，结合企业实际研究、探索先进的安全管控模式，从根本上提高我国企业的整体安全生产水平。安全生产工作是一个复杂的系统工程，利用系统思维，构建科学高效的企业安全风险管控模式，对于推进安全生产理论与体制机制创新、增强企业内生动力、遏制重特大安全事故频发势头、实现安全生产与经济社会协调发展的目标具有重大的现实意义。

在此时代背景下，《大型企业生产安全风险管控模式研究》一书应运而生，恰逢其时。该书采用系统安全思维和风险管控方法来研究大型企业的安全生产问题，是对我国安全生产管理理论的有益探索，也是对我国安全生产管控模式的发展创新，对各级监管部门和企业都具有重要的指导意义。该书首次采用 WSR 方法论对我国大型企业的安全风险因素进行了归纳总结，提出并构建了具有东方文化特色的生产安全风险管控模式，对于全面有效辨识、控制生产过程中的多重风险具有参考价值；该书首次将系统动力学与 WSR 方法论相结合来研究生产系统中多种风险因素的耦合作用关系，对从根本上提高企业安全生产的综合治理水平，具有积极的现实意义。

现将此书推荐给广大读者，希望全国安全生产战线的同志们运用系统科学思维和系统工程方法，用发展的目光来看待我国安全生产问题，坚持源头防范与系统治理，构建好风险分级管控的预防工作机制，综合运用法律、行政、经济、市场等手段，落实人防、技防、物防措施，严防风险演变成事故，使全民安全文明素质进一步提升、安全生产保障能力进一步增强、安全生产整体水平与全面建成小康社会目标相适应，从而为实现中华民族伟大复兴的中国梦奠定稳固可靠的安全生产基础。

中国系统工程学会理事长

发展中国家科学院院士、国际系统与控制科学院院士

2018 年 1 月

前　　言

安全生产事关人民群众生命财产安全，事关我国经济发展和社会稳定大局。当前我国生产安全事故总量依然很大，特别是大型企业重特大生产安全事故频发的态势长期得不到有效遏制，已经成为影响和谐社会建设的突出矛盾和问题。深入开展大型企业安全风险管控模式研究，探索科学有效的安全风险防控手段，对预防重特大生产安全事故的发生，扭转安全生产不利局面具有重要意义。

发达国家对安全生产的认识经历了由传统的事故管理向隐患管理，再向风险管理的转变。改革开放以来，我国大型企业积极学习借鉴国外安全生产先进理念和管理体系，对促进安全管理水平的提升发挥了积极作用，但在实际运行过程中往往存在"体系和管理两张皮"的现象，"水土不服"的问题也较为普遍，安全风险管控水平仍与发达国家存在较大差距。本书基于一个具有东方文化特色、便于解决复杂系统问题的方法论——WSR方法论，结合安全风险管理理论和系统动力学，在分析我国大型企业生产安全风险的影响因素及相互关系的基础上，提出了更科学、系统，更符合我国国情的企业安全风险管控模式；通过正反两方面的案例分析，进一步证明了该管控模式的实用性和有效性。

本书的创新和特色主要有以下四个方面。

第一，采用WSR方法论对我国大型企业的生产安全风险进行系统性研究，国内外尚属首次。

大型企业的生产系统可以看作一个复杂的系统，具有产业规模大、业务覆盖广、从业人员多、安全风险高的特点。我国现行的企业安全管理方式中，多以事故和隐患为中心，这容易导致隐性风险因素的遗漏。本书在分析大型企业生产安全风险特征的基础上，阐明了WSR方法论在生产安全领域的适用性，从物理、事理、人理三个层面归纳出大型企业的生产安全风险因素，分析得出安全风险转化为事故是多个层面的风险因素经耦合作用导致的。

第二，应用系统动力学方法对大型企业的生产安全系统进行模拟研究。

根据大型企业物理-事理-人理的风险因素分析，构建系统动力学的指标体系和安全风险管控的系统动力学模型，分析生产系统不同风险因素之间的因果关系。采用调查问卷的方法，得出各影响因素的计算权重，并通过建立的变量方程，对企业生产安全风险管控系统进行仿真模拟。研究结果表明：①潜在的企业风险管控目标、作业人员隐患排查系数、安全文化投入比例系数和主要负责人的重视程度对安全投入敏感性较高，应作为多项干预方案的备选指标。②采用多项干预方案，企业的生产安全风险管控效果较好。③潜在的企业风险管控目标与严格执行的安全投入应予以重视。④隐患排查是重要的安全风险干预手段，应通过教育培训、交流等方式动员全体员工参与。

第三，基于 WSR 方法论提出并建立大型企业的生产安全风险管控模式。

在分析现代安全管理模式特征及构建原则的基础上，提出并建立大型企业的生产安全风险管控模式。该模式以零风险管理为目标导向，以安全生产管理网络、安全理念及文化氛围为基础，采用 PDCA 循环程序对"物理-事理-人理"风险因素进行全面控制，将我国传统文化"懂物理、明事理、通人理"与我国大型企业安全生产实际相结合，更有利于安全风险因素的辨识和控制。此外，为提高该风险管控模式的运行效能，应用云计算技术，初步搭建了企业生产系统的安全风险管控平台，并进行了运行试验。

第四，针对提出的安全风险管控模式，分别对四家大型企业进行案例分析。

在分析了基于 WSR 方法论的管控模式的通用性的基础上，从正反两个方面，对中国建筑工程总公司（简称中建总公司）、中国中化集团有限公司（简称中化集团）某集团公司和山东省青岛市"11·22"中石化东黄输油管道泄漏爆炸事故进行了案例分析，说明了企业从物理、事理、人理三个层面对安全风险进行管控的重要性，也验证了生产安全事故是物理、事理、人理风险不断演化的结果。只有统筹协调好这三个层面的安全管理工作，不断追求并实现物理的本质安全化，事理的运行科学化，人理的决策最优化、行为规范化，才能有效地避免事故的发生。

目　　录

第1章 绪 论

当前我国经济正处于转型时期，社会经济活动日趋复杂。近年来，随着经济的不断发展，企业的生产安全问题日益突出，各类事故层出不穷，如何降低事故发生率和事故损失成为企业管理者和劳动者面临的难题。尤其是大型企业的重特大生产安全事故，其发展态势长期得不到有效遏制，严重制约着我国经济社会的健康和谐发展。

据统计，2016 年 5~6 月，我国共发生各种生产安全事故 99 起，包括交通事故、矿业事故、爆炸事故、火灾、毒物泄漏与中毒等。其中，重大事故和特别重大事故与上年同期（2015 年 5~6 月）相比，事故数量持平，死亡人数减少 10 人；与2016 年 3~4 月相比，事故数量增加 3 起，死亡人数增加 56 人，总体安全形势依然不容乐观[1]。企业的生产安全事关人民切身利益，事关改革发展稳定大局，党和政府多次强调各企业要将安全生产放在第一位置，最新发布的《中华人民共和国国民经济和社会发展第十三个五年（2016-2020 年）规划纲要》对我国的安全生产提出了新的要求，并指出"完善和落实安全生产责任、考核机制和管理制度，实行党政同责、一岗双责、失职追责，严格落实企业主体责任。加快安全生产法律法规和标准的制定修订。改革安全评审制度，健全多方参与、风险管控、隐患排查化解和预警应急机制，强化安全生产和职业健康监管执法，遏制重特大安全事故频发势头。加强隐患排查治理和预防控制体系、安全生产监管信息化和应急救援、监察监管能力等建设。实施危险化学品和化工企业生产、仓储安全环保搬迁工程。加强交通安全防控网络等安全生产基础能力建设，强化电信、电网、路桥、供水、油气等重要基础设施安全监控保卫。实施全民安全素质提升工程。有效遏制重特大安全事故，单位国内生产总值生产安全事故死亡率下降30%。"这对各行业以及各级企业在新形势下的生产活动提出了严格的安全要求。

大型企业生产安全风险的有效管控在世界范围内仍是一个难题[2, 3]。国内外大型企业在国家经济社会发展中占据着举足轻重的地位，大多行业领域涉及石油、煤矿、化工、建筑、交通等高风险行业，且企业规模大、从业人数多，与中小型企业相比更易于发生重特大安全事故。特别是近年来受市场化和经济全球化浪潮的影响，大型企业业务领域不断扩展，经济体量不断增大，其多元化的经营范围使其在生产安全事故中首当其冲。近年来国内外大型企业典型重特大事故统计，如表 1.1 所示。与国外大型企业相比，我国大型企业由于人员总体安全意识不强、安全管理模式创新不足等原因，生产安全风险水平不高，尤其是煤矿、石油、建筑和钢铁等高危行业的企业，安全防范对象多、生产环境复杂，生产安全风险管控面临更大的挑战，急需开展深入的科学研究，探索出有效的安全管理方法。

表 1.1　近年来国内外大型企业典型重特大事故统计

事故名称	发生时间	死亡人数	事故原因
北海挪威钻井平台倾覆事故	1980.03.27	123 人	设计缺陷，自然灾害
阿尔法钻井平台爆炸事故	1988.07.06	167 人	凝析油泄漏
沪东龙门塔吊事故	2001.07.17	36 人	违规指挥、操作
重庆开县井喷事故	2003.12.23	243 人	硫化氢扩散，人员中毒
阜新孙家湾矿难事故	2005.02.14	214 人	冲击地压，瓦斯爆炸
印度钻井平台火灾事故	2005.07.27	10 人	立管破裂，原油泄漏
首钢综合管网中毒事故	2005.10.26	9 人	违规操作，煤气泄漏
中石油新疆油罐爆炸事故	2006.10.28	13 人	防腐涂料不合格
中铁杭州地铁塌陷事故	2008.11.15	21 人	前期勘察错误，管理不善
中煤王家岭煤矿透水事故	2010.03.28	38 人	施工不合理
甬温线交通事故	2011.07.23	40 人	调度失误
西安"9·10"重大建筑施工坍塌事故	2011.09.10	10 人	违规拆除承力构件
武汉施工电梯坠落事故	2012.09.13	19 人	盖板设计缺陷
吉林煤矿瓦斯爆炸事故	2013.03.09	36 人	违规作业和违规指挥
青岛输油管道爆炸	2013.11.22	62 人	输油管道泄漏，抢修起火爆炸
天津滨海新区爆炸事故	2015.08.12	165 人	危化品爆炸

表 1.1 中的重特大事故在大型企业中频繁发生，是企业对安全风险管控不力的重要体现。我国虽然对企业的安全风险控制已给予了足够的重视，也出台了一系列法律法规和标准体系，但是其管理效果依然不理想，重特大事故多发的严峻态势仍没有得到有效遏制，这主要体现在风险管控方法不够科学这一重要层面。目前多数大型企业在安全风险防控方面缺乏科学有效的手段，如何将风险控制方法与我国企业实际情况相结合，尤其是建立针对我国大型企业复杂生产系统的安全风险管控模式，提高防御重特大事故发生的能力，是当前安全科学研究领域亟待解决的重大课题。

高度重视安全管理方法的完善、全面提高防范风险的能力，是我国大型企业贯彻科学发展观的重要战略举措，亦是建立和谐社会的历史责任[2]。本书将企业生产安全风险管控与 WSR 方法论进行结合，从静态分析和动态分析两方面对风险管控进行研究，提出具有中国特色的适合于我国大型企业的生产安全风险管控模式的路径和方法，吸收和借鉴国外优秀企业生产安全风险管控的先进经验，为我国大型企业风险管控模式的设计提供指导，促进我国大型工程项目和密集劳动产业的风险管控水平发展，从根本上提升我国大型企业生产安全风险的管控能力，从而预防和减少我国企业生产事故的发生，对于切实保障国家经济社会建设稳步推进具有重要意义。

1.1　企业风险管理理论发展研究综述

1.1.1　国外企业风险管理理论发展研究现状

企业风险管理理论最开始形成于 1930 年前后，在 20 世纪 50 年代后期迅速发展为成熟的理论体系，至 70 年代末期已然成为全球范围内的一门新兴学科[3~12]。风险管理于 1931 年首先被美国管理协会（American Management Association）提出，并且通过举办学术会议和开展讨论班对企业风险管理进行了深入的研究[4]。约尼思与福德将风险管理技术界定为为了建构风险评估与回应风险所采用的各类监控方法与过程的统称。1956 年，风险管理的概念得到进一步诠释，Vigny Schneider 所提出的观点得到了美国管理协会和美国保险管理学会的认可。1962 年，《风险管理之崛起》正式出版，这部由美国管理协会出版的风险管理专著对有关内容进行了系统深入的阐述，极大程度上促进了风险管理的发展。与此同时，一些大型企业将风险管理理论应用到管理实践中并且取得了显著的效果。梅尔与赫尔奇斯的《企业风险管理》论文于 1963 年正式在美国刊载，此后风险管理策略在西方发达国家中的各个行业的企业管理中蔚然成风，风险管理理论到达了一个新的高度。然而，风险管理的系统化和一体化研究是以 1964 年威廉姆斯与汉斯编写的《风险管理与保险》的出版为标志的，从此风险管理进入了一个全新的发展阶段。

风险管理理论从 20 世纪 60 年代开始不断趋于完善，内容不断丰富，结构不断细化。在风险管理的四个步骤中，风险分析与风险评价因其突出的实用性特征成为管理领域一门单独设立的学科[4, 5]。随着风险分析和风险评价技术不断被运用和检验，其有效功能与重要性不断被学术界、工商界全新认识。风险分析与评价逐渐被用于各种社会和经济活动中，以期识别活动过程中潜在的风险以及评估风险造成的影响，从而制定科学高效的策略和措施，确保活动安全、有序进行[10]。

1975 年前后，美国诸多大学的商学院相继将风险管理纳入学科体系中，重点对风险分析的理论方法和风险评价的技术措施进行了研究[10~13]。1973 年日内瓦协会的成立将风险管理的思想带到了欧洲，20 世纪 80 年代风险管理的思想传播到了亚洲和非洲，并在之后广泛流行[14~16]。经过数年发展，世界各地学者在 1983 年举办的美国保险与风险管理协会（American Risk and Insurance Association）年会上，针对风险管理准则达成一致，共同提出了"危险性管理 101 准则"，此准则的提出在风险管理学界和业界具有里程碑式的意义。此后，风险管理受到越来越多来自各地各组织团体的重视。欧洲的很多公司和组织都对风险管理进行了深入且广泛的研究，并开发了相关软件。至此，风险分析与评价技术得到了极大的发展，国外风险管理理论体系也逐步进入发展完善的阶段。例如，意大利 Valerio Cozzani 等提出的应用区域定量风险评价技术；荷兰 P. H. Bottelberghs 等提出的针对重大危险设施的可接受的风险标准。

1.1.2 国内企业风险管理理论发展研究现状

1980 以来，经过引进、消化和吸收的过程，我国逐渐展开了风险管理理论研究，并在企业风险管理应用方面取得了一系列成果[17~25]。例如，李霞[18]认为预防风险造成损失和提高经济效益是企业风险管理的主要任务；陈秉正[19]在相关论著中对风险管理的发展历史以及风险管理对企业资本的回报等相关问题进行了阐述，并对整体化风险管理涉及的具体策略问题进行了深入讨论；崔承天[20]基于管理疏忽与危险树（management oversight and risk tree，MORT）技术，提出了现代化的安全管理方法；杨乃定等[21]研究了集成化企业风险管理的系统框架，并指出综合集成的风险管理是以整体性的风险管理框架为前提的，简单地对各生产单元和部门的风险管理活动的整合，并非集成化的风险管理模式。马志祥[22]通过事故树分析法对油气管道的风险进行了分析，总结得到了破坏、腐蚀等风险源会造成油气管道运行故障，并且针对性地提出了管控措施。李其亮等[23]运用新的数学模型对不同的工业园区进行了环境风险管理评价，并且针对该方法评价结果设置了新的评价指标，构建了全面的风险管控体系，在此基础上，对不同的区域进行风险等级划分；汪立忠和陈正夫[24]对有关环境污染事故的风险管理研究现状进行了集中阐述，并且围绕事前控制、事后处理两个方面对风险管理策略进行了论述。

现代风险管理理论中，研究对象包括了企业所面对的所有风险。2006 年 6 月，国务院国有资产监督管理委员会印发《中央企业全面风险管理指引》[25]，其风险管理目标包括战略、投融资、市场运营、法律事务、质量、生产安全、环境保护等。风险管理理论的研究与发展，为进行企业的生产安全风险管理研究奠定了理论基础。

1.2　企业生产安全风险管理方法综述

1.2.1　国外企业生产安全风险管理方法研究现状

生产安全风险指的是，在生产过程中或生产环境中由不安全因素所导致损失发生的可能性，这里的损失通常指的是人身伤害或者财产损失，通常以事故的发生概率和严重度两个维度来表征[26~29]。企业的生产安全风险管理是风险管理的重要组成部分，是实现其他风险管理目标的重要基础，是实现企业健康发展和可持续发展的重要保障。

世界各国对企业生产安全的认识经历了由传统的事故管理向隐患管理，再向风险管理的方向转变，并加强了对生产安全风险管理体系的研究[30~39]。目前，国内外比较成熟的风险管理体系包括职业安全健康管理体系、南非职业健康五星管理体系、健康安全与环境管理体系等。西方发达国家在企业的生产安全风险管理研究方面取得的进展较大[26~29]。

美国作为一个移民国家，信仰个人至上，坚持崇尚自由、平等、独立、竞争等文化精神，因此美国企业内部管理体系往往是扁平式结构，上级与下级关系更加平等，职位界限相对模糊[31]。因此在 20 世纪中前期，美国企业生产安全事故较多。第二次世界大战后，美国在社会发展中逐渐注重人的安全和健康，凭借着先进的科技水平和管理方法，安全学会和可靠性工程学派相继崛起，并成立了权威安全机构和安全协会，通过完善立法体系和监管体系来实现对企业的生产安全风险管理[30]。经过多年发展，形成了《联邦职业安全与健康法》和《联邦矿山职业安全与健康法》相结合，各种标准法规和制度体系文件相补充的深度生产安全法律体系[30]。此外针对特殊行业，还制定了相关的行业法律体系。随着企业生产风险监管力度的加强与管理理论的发展，很多大型企业都建立了风险管控模式，并将其在实践中应用，取得了较为突出的效果。美国通用电气公司（General Electric Company）建立了 HSE（health safety and environment）管理体系[31]，该体系以企业上层管理者的支持、安全管理部门的工作为基石。美国杜邦公司安全管理体系包括自然本能反应、依赖严格的监督、独立自主管理和互助团队管理四个阶段的安全文化理念，以及 11 条安全信仰。壳牌公司颁布了健康、安全、环境方针指南，后经过不断完善，形成了以 8 个标准模块构成的安全管理体系。企业生产安全风险管理体系的不断完善，使美国企业的安全管理水平位于世界前列。

日本作为岛国，海啸、地震和火山爆发等灾害频繁，生存环境较为恶劣。这使日本民众富于忧患意识和危机感，团队意识很强[32]。20 世纪 40 年代末，日本政府颁布了《劳动基准法》，该法是生产安全领域的最高层级法律，内容几乎涵盖了所有领域。之后，《劳动安全健康法》和《劳动安全卫生法》的颁布使日本生产安全的法律监管更进一步，而且这两部法律均是在第一部法律的基础上制定的[32]。日本的安全监管模式由综合安全监管和矿山安全监管两条架构组成，分别由厚生劳动省和经济产业省负责管理。具体的职业安全健康管控是由厚生劳动省下的劳动基准局负责执行的，而矿山安全监管则是由核能与工业安全局具体负责实施管理的。在企业管理体制上，日本企业的组织架构往往采取的是官僚制的形式，并非移植西方国家扁平结构，企业安全管理模式结合了东西方的优点，完善了法规体系和安全组织体系[32]。日本传统文化也使企业及其员工非常注重安全管理细节并自觉参与安全管理，各种安全管理制度在企业中的执行力非常强，使安全管理效率非常高，事故率极低。日本企业一贯坚持"零灾害"的安全理念，规定企业应该根据自身的业务情况设立相匹配的安全管理人员和组织结构。此外，日本根据自身的事故防治经验，得出了一系列行之有效的安全管理策略和培训活动，具体包括安全自主管理、事故预防和预警、安全风险感知能力等活动。

综上所述，美国和日本作为发达国家，率先经历了工业化过程中生产事故高发的阶段，在安全风险管控上有着丰富的经验，其共同点是通过完善立法体系和企业安全管理体系来实现对风险的管控。国外大型企业的生产安全风险管理体系虽有不同，但是大都基于各企业经营实践的风险源管理和与企业安全文化的融合。安全文化包括安全制度、安全氛围等，风险管理是安全文化的具体实践措施。包括美国、日本在内的很多发达国家的优秀企业都把安全文化作为企业文化不可或缺的一部分，而实现安全风险管理的重要保障就是将安全文化根植于每个员工的心中。

1.2.2　国内企业生产安全风险管理方法研究现状

我国企业的风险管理起步较晚，20 世纪 80 年代，系统安全分析方法开始被广泛应用，以危险源分析和风险评价为核心的安全管理体系逐渐成熟，尤其在化工、石油、机械等领域，安全评价和系统安全工程被大力倡导和推行，我国的安全管理逐渐向科学化和系统化的方向发展[34]。在国家对企业的安全监管上，我国构建了"政府统一领导、部门依法监管、企业全面负责、群众参与监督、社会监督支持"的生产安全工作机制。我国政府的生产安全监管由综合监管部门和行业监管部门两部分组成，该监管体系覆盖各地区、各行业领域、各经济主体。然而，真正的以风险理论为基础的安全监管技术在我国直到近年才引起安全界的认知和重视，并在研究基础上逐渐取得了一些成果。例如，李贺松[34]对供电企业的生产安全风险管控体系进行了研究；刘波[35]对大型冶金企业的全面风险建立了管控体系；罗富荣[36]对地铁工程建设的风险管控体系和监控系统做了研究；杨树才[37]对城市轨道交通的生产安全风险管理进行了探讨；高丽[38]对油气田生产安全风险管控进行了研究；李光荣[39]对国有煤炭企业的风险演化机理及管控体系进行了研究；任乃俊[40]针对大型煤矿提出了基于过程控制的生产安全风险管控模式；贾索[41]对中小型机场的生产安全风险管控进行了全面的分析和探讨。

我国大型企业，尤其是中央企业近年来通过借鉴国内外成功经验，也形成了各具特色的安全管理体系。中国民航根据国际民航安全标准，构建了独具特色的航空运营人安全管理体系，在各航空公司推广实行；在矿业领域，神华集团、中煤集团借鉴引用了国际职业安全协会的"安全五星"管理系统；在石油化工领域，根据行业的生产安全风险特点，中石化集团、中石油集团按照风险管控的技术和管理要求建立健全了健康、安全、环境管理体系；在电力领域，国家电网公司等建立了以风险闭环控制为基础和核心的电网风险管理体系。

综合以上分析可知，生产安全风险管理是指利用理论和工具对企业生产过程中的安全风险进行识别、分析和处置的过程，以期减小或者消除生产安全风险事件，降低或者避免风险事件导致的损失。以上的研究成果为进一步探索更为有效的企业生产安全风险管理方法奠定了理论和技术基础。

1.3　WSR 方法论在安全生产领域的研究综述

19 世纪 50 年代，随着经济的发展，新的大型工程项目急需科学的组织与管理来保障其高效、有序进行，此时出现了从整体视角看问题的系统工程方法论[42~49]。但这些方法论过分强调数学模型的建立和定量方法的应用，难以解决一些新的管理科学问题。20 世纪 80 年代，以"运筹学和系统分析过程的反思"为主题的讨论会直接促进了系统工程这门学科的发展[44]。以中国科学家钱学森提出的处理复杂巨系统问题的综合集成法[45]、日本著名系统和控制论专家椹木义一提出的西那雅卡系统方法论[44]为代表的东方系统工程方法引起了国际学界的关注。

我国系统工程学界早在 20 世纪 70 年代末，就提出了"物理""事理""人理"的概念并进行了应用。1978 年钱学森等[45]提出"相当于处理物质运动的物理，运筹学也可以叫做'事理'"。1979 年李耀滋回信给钱学森先生十分赞成"物理""事理"的提出并且建议再加上"人理"[47]。1994 年，中国著名系统科学家顾基发研究员应英国赫尔大学系统研究中心邀请合作研究系统方法论，并于 1995 年与朱志昌博士提出了具有东方文化特色的 WSR 方法论。此后 WSR 方法论经过不断完善和实践检验，逐渐成为较成熟的系统工程方法并且得到广泛应用[47]。

WSR 方法论是解决复杂问题的有力工具，是包含许多方法的总体方案，是众多方法的综合统一。WSR 方法论根据实践活动的不同性质，将方法库层次化、条理化、系统化、规范化。WSR 方法论被正式提出以后得到越来越多的各界学者和管理人士的认可，他们积极进行理论探索与实践，在处理问题尤其是复杂问题时，人因贯穿于分析识别对象系统的物理和事理的全过程。相比于其他系统方法论，WSR 方法论把社会系统中的物、事、人看成一个动态交互的整体，并重视人在系统动态、交互平衡过程中的协调作用，在多学科领域复杂系统问题的解决方面，具有较强的生命力。

WSR 方法论凭借其关注问题的全面性和适宜性，已在各级各类的科研项目中被广泛应用，而且在多个学科领域已成为不可或缺的研究工具，并得到了中国、日本、英国、澳大利亚等国学者的热烈推崇。在生产安全研究领域，顾基发和唐锡晋[47]在该方法提出后的几年里，就对航天飞行器的安全性（1996~1999 年）问题进行了研究，这对民用航天与武器装备建设起到了明显的推动与促进作用，对企业中的安全科学问题研究起到了推广作用。

近年来，在企业的生产安全领域，WSR 方法论得到了众多学者和专家团队的专注，并取得了较多的研究成果[50~61]。例如，马国强[50]对基于东方系统论的企业安全评价进行了研究，运用模糊层次分析法对影响隧道施工安全的因素进行了综合评价。李犇[51]通过 WSR 方法论视点对城市交通一体化进行了深入的研究，提出了城市交通一体化发展的理论和对策，并对一体化框架中的要素进行了分析评价。姬荣斌等[52]研究了基于 WSR 方法论的油气企业的生产安全模型，建立了物理-事理-人理的分析方法，提出通过系统工程方法对企业生产安全系统进行控制。张强和薛惠锋[53]建立并深入探讨了基于 WSR 方法论的环境安全评价模型，以期从新的角度来解决环境问题。朱永利和方振东[54]通过 WSR 方法论对军事环境安全进行了重点研究，结合模型的物理-事理-人理分析，提出了一套相互关联的军事环境安全策略。杜晓梅等[55]针对海外油气田开发项目，利用 WSR 方法论建立了新的风险管理方法，为海外油气开发项目风险管控提供了新的思路。王磊和陈国华[56]把企业安全管理系统视为复杂系统，运用 WSR 方法论对企业生产安全要素进行了划分，并提出了基于 WSR 方法论的企业安全管控框架体系和运作模式。

WSR 方法论在研究企业的生产安全问题方面，具有较好的合理性和适用性。在已有的研究结果中，大多数应用 WSR 方法论研究某一领域的具体问题，尚无利用 WSR 方法论系统地研究大型企业的安全风险管理方法。因此，本书以大型企业为研究对象，采用 WSR 方法论对其生产安全风险管理模式进行研究，对促进安全管理水平的提高具有重要意义。

1.4 基于系统动力学的企业安全研究综述

　　系统动力学是一种研究系统的动态行为的计算机仿真技术，该方法是基于系统论、控制论、信息论的理论与方法的数学模型大系统理论建立起来的，是研究高度非线性的，高阶、多变量、多重反馈的复杂系统。系统动力学早期应用领域是企业的工业系统，主要分析生产管理、库存管理等系统仿真问题。系统动力学起源于美国，在澳大利亚、韩国以及欧洲等地得到了广泛的研究和应用。20 世纪50 年代中期由麻省理工学院 Forrester 教授创建，系统动力学首先应用于工业领域而后应用于城市发展领域。20 世纪 70 年代末，系统动力学由杨通谊、王其藩等学者引入我国，并在我国的研究和应用领域取得了飞跃发展。南昌大学的贾仁安教授、江苏大学工商管理学院施国洪教授、复旦大学李旭副教授、青岛大学钟永光副教授等学者对系统动力学的应用及传播起到了积极的推动作用。

　　系统动力学当前广泛应用于企业管理、宏观经济规划、区域经济、能源规划等许多领域。Wang 和 Zhu [62]以制造业为例，应用系统动力学建立了投资反馈评估模型。Wang 等[63]应用系统动力学和模糊数学原理研究了多系统耦合系统。Tako 和 Robinson[64]比较研究了专家决策系统和系统动力学仿真系统。Silva 等[65]应用系统动力学建模和仿真研究了交通问题的解决途径。Mingers 和 White[66]对近年来系统动力学在管理及生产研究中的应用进行了较全面的综述。栗建华和王其藩[67]应用系统动力学理论建立了教育投资、经济增长和就业问题的模型。齐丽云等[68]引入系统动力学的相关概念和理论，对企业内部的知识传播进行量化模型构建，提出三个量化模型。王其藩和李旭[69]利用系统动力学观点研究社会经济系统的政策作用机制与优化问题。汪泓[70]应用系统动力学建立了社会保险基金良性运营的动态模型。Wei 等[71]等应用系统动力学研究了渭河流域的经济社会发展状况。Ge 和 Ying[72]建立了中央和地方石油企业和经济协调发展的系统动力学模型。张妍和于相毅[73]应用系统动力学方法建立了长春市环境、人口、资本对产业结构影响的动力学模型，模拟长春产业结构的动态变化趋势。

　　在安全应用领域，一些学者已经做了重要研究工作。Stewart 和 Forture[74]对项目实施中风险的识别、避免和预防进行了系统思考。Yang 等[75]基于职业健康和安全问题的动态性和复杂性，应用系统动力学对澳大利亚主要钻采企业的职业健康和安全问题进行了因果模型分析，发现了潜在的影响因素，并对事故开展了预测研究。Shin 等[76]应用系统动力学方法对建筑工人的态度和行为进行了建模、仿真研究，模型有助于发现建筑工人潜在的不安全行为，以便在工人发生操作失误之前就开展培训工作，从而降低事故发生的可能性。Makin 和 Winder[77]对组织的安全行为及文化进行了建模研究。Hovden 等[78]应用系统动力学对职业事故预防进行了研究。Goh 和 Love[79]，Zhang 等[80]，Pachaivannan 等[81]分别应用系统动力学对交通安全的影响因素及事故预测进行了研究。吉安民和何沙[82]建立了井喷事故的系统动力学仿真模型。何刚[83]基于煤矿安全管理水平的影响因素，应用系统动力学理论和方法，对影响煤矿安全管理水平的主要因素进行研究，分析了矿山管理水平对煤矿安全水平的影响程度，通过仿真计算和对比分析，得出了各因素的安全投入增加率对安全管理水平的影响。仿真分析结果可以为政府的宏观决策和煤矿企业安全投入与安全管理提供新的思路。唐谷修[84]基于系统动力学理论和方法，应用 STELLA 软件建立了企业安全管理模型。基于模型仿真对企业安全生产的趋势进行了预测研究，结果可以为企业管理决策提供科学依据。此外，张进春等[85]研究了石化企业事故率的系统动力学仿真系统。刘业娇等[86]学者采用系统动力学从安全投入和安全产出的角度研究了煤矿的安全管理和控制问题，为煤矿行业的安全投入决策提供了依据。

综上所述，系统动力学在很多领域得到了广泛应用，但在安全生产领域的应用尚处于起步阶段。针对大型企业复杂的生产系统，将系统动力学与 WSR 方法论相结合来探讨复杂生产系统中多个风险因素的耦合作用关系的相关研究还不多。因此，本书以大型企业为研究对象，采用系统动力学与 WSR 方法论相结合的方法，对大型企业的安全风险管理模式进行研究，保障安全生产的顺利进行。

1.5 本书的主要内容

本书的主要内容包括如下几个方面。

1. 大型企业生产安全风险特征与 WSR 方法论适用性分析

通过研究大型企业的定义及国内外的划分标准，界定研究对象的范围，从生产经营规模、生产技术先进程度、人力资源规模、市场国际化程度等方面揭示大型企业的特征，并从安全管理角度，研究大型企业的生产安全风险特征。明确研究对象及其特征后，引入 WSR 方法论。分析 WSR 方法论的提出背景、重要概念、包括内容、工作过程和运用的基本原则，讨论 WSR 方法论在生产安全领域的研究进展和取得的成效，并进一步分析 WSR 方法论应用于大型企业安全风险管控方法研究的优势。

2. 基于 WSR 方法论的大型企业生产安全风险影响因素分析

大型企业生产安全风险因素的分析，是研究其生产安全风险管控模式的基础。基于 WSR 方法论，研究并分析大型企业物理、事理、人理三个层面的主要风险因素，并通过事故致因理论及当前研究成果分析，从系统风险形成的角度研究主要风险因素包括的具体内容，系统地揭示不同性质的风险因素导致大型企业生产系统形成风险的原因，为进一步采用具体研究方法对系统因素耦合形成风险过程及管控模式分析奠定基础。

3. 大型企业安全风险管控的系统动力学模型构建及仿真模拟

根据当前大型企业生产安全数据模型，对初始模型进行了基本模拟研究，模拟结果展示了指标变量短期和长期的变化规律；根据制订的单项干预方案，对模型进行了模拟研究，结果表明潜在的企业风险管控目标、作业人员隐患排查系数、安全文化投入比例系数和主要负责人重视对安全投入四项指标调整后对生产安全水平提高的敏感性效果较好。通过设计的多项干预方案的模型模拟研究，证明多项干预组合方案效果良好。

4. 基于 WSR 方法论的安全风险管控模式研究及案例分析

分析了管控模式的定义，总结了大型企业现代安全管理模式的特征，并通过对优秀国外企业管理模式的分析，得出了生产系统安全风险管控模式的构建原则。在对风险因素相互作用机理的研究基础上，提出并建立了基于 WSR 方法论的生产安全风险管控模式，同时给出了该模式下的安全风险管控目标、管理理念、组织结构的优化设置、实施流程及其合理性分析。基于云计算技术，初步研发了企业生产系统的安全风险管控平台，利用该信息综合处理平台，可为大型企业提供更为全面的安全风险信息展示与较为高效的安全管理工具，更好地满足生产安全的需要。在分析了基于 WSR 方法论的安全风险管控模式的通用性的基础上，从正、反两个方面，对中建总公司、中化集团、某集团公司和山东省青岛市"11·22"中石化东黄输油管道泄漏爆炸事故进行了案例分析，既说明了企业从物理、事理、人理三个层面对安全风险进行管控的重要性，也验证了生产安全事故是物理、事理、人理风险不断演化的结果。

第 2 章　大型企业生产安全风险特征与 WSR 方法论分析

　　大型企业生产安全风险有其自身的特征，区别于中小型企业。本章将从大型企业的定义入手，界定并明确研究对象及其共性特点，进而阐明大型企业的生产安全风险特征，为具体选用研究方法奠定基础。同时将引入 WSR 方法论，通过分析该方法的特点，讨论应用该方法进行大型企业安全风险管控模式研究的适用性及优势。

2.1　大型企业生产安全风险特征分析

2.1.1　大型企业定义及特征

　　企业作为一种社会经济组织，在优化社会资源配置中扮演着重要的作用。在企业的组织形式中，大型企业是不断发展的社会生产力和市场经济体制共同作用下的必然结果。20 世纪发生于西方国家的企业兼并浪潮逐渐发展到全世界，逐渐形成了一批大型企业[39]。改革开放以后，为满足国民经济建设的需要，我国政府先后也成立了一批大型国有企业。然而对于大型企业的定义，无论是政府还是学界均未给出明确清晰的定义。

　　2011 年 9 月，国家统计局进一步修订并公布了《统计上大中小微型企业划分办法》，适用范围包括采矿业、制造业、交通运输业、仓储和邮政业、信息传输业、软件和信息技术服务业等 15 个行业门类以及社会工作行业大类，根据人员基数、营业收入和资产总额等指标，我国企业规模被划分为大、中、小、微型四种类型。其中，部分行业的大型企业划分标准及示例企业，见表 2.1。

表 2.1　部分行业的大型企业划分标准及示例企业

行业名称	大型企业指标要求	示例
工业	从业人员≥1 000 人 营业收入≥40 000 万元	宝钢集团有限公司 神华集团有限责任公司
建筑业	营业收入≥80 000 万元 资产总额≥80 000 万元	中国建筑工程总公司 中国铁路工程总公司
交通运输业	从业人员≥1 000 人 营业收入≥30 000 万元	中国交通建设集团 中国远洋运输集团
邮政业	从业人员≥1 000 人 营业收入≥30 000 万元	中国邮政集团公司 顺丰控股（集团）股份有限公司
信息传输业	从业人员≥2 000 人 营业收入≥100 000 万元	北京京东世纪贸易有限公司 阿里巴巴网络技术有限公司
软件信息服务业	从业人员≥300 人 营业收入≥10 000 万元	华为技术有限公司 联想控股集团有限公司
房地产业	营业收入≥200 000 万元 资产总额≥10 000 万元	万科企业股份有限公司 万达集团股份有限公司

表中企业须同时满足所列指标的下限，才能被界定为大型企业。其中，工业类别包括采矿、钢铁、石油、燃气、制造等行业；交通运输业包括陆路运输业、水上运输业、航空运输业、管道运输业等；信息传输业主要指电信、广播电视和卫星传输服务，互联网和相关服务等。根据现行的统计制度标准，企业规模划分的三个指标分别是从业人员、营业收入和资产总额。在建筑行业中，从业人员数量指的是期末从业人员数，即期末最后一日在职人数；在其他行业中，不采用期末人员计数方式的，则选取全年平均人员数指标。营业收入有三个指标，包括主营业收入指标、商品销售额、营业额以及营业总收入等，不同行业领域以及行业性质的企业可根据这些指标进行划分。

在经济全球化的背景下，大型企业代表着现代经济社会的发展水平。随着经济社会的发展，我国大型企业如雨后春笋般出现，成为国民经济活动的中坚力量。这些大型企业一类是依靠它的核心企业，依靠强大的资本实力和技术优势，不断实现兼并重组同类企业，在业务深度和广度上不断突破，以实现产业链的全覆盖；另一类是在政府的主导下，通过行政性措施或者市场工具，将企业涉猎业务相似或者相同的企业进行重组合并形成大型企业集团。大型企业集团的组织形态在经济活动中有着非常突出的业务竞争优势与业务协调能力，我国很多大型企业采用企业集团的组织形式。

企业集团将多个子公司组织串联在一起，寻求建立全面的协调发展思路，实现企业和各级子公司的利益最大化。企业集团是大型企业的一种高级组织形式，其标志着我国大型企业的发展进入了符合国际惯例、符合市场经济规则的规范性阶段[87, 88]。

结合以上分析，本书主要针对符合以上企业规模划分标准的大型企业开展论述，大型企业集团是其中的重要部分。通过对这些企业进行比较分析，可得到此类大型企业所具有的共性特征，具体如下。

（1）规模大型化。大型企业集团的核心单位是母公司或者集团公司，通过各种股权参与方式，把众多的中小型企业连接在一起。这种通过资本技术组合在一起的企业，避免了组织管理的冗杂性，同时又突出了资源聚集共享的优越性，在现代国际化竞争中有着无可比拟的优势。

（2）技术先进化。自从我国加入 WTO（World Trade Organization，世界贸易组织）以来，市场化程度不断加深，企业面对的国际化竞争日趋激烈，大型企业要想在巨大的市场中占有一席之地，实现关键技术的世界领先至关重要。先进的技术可以节约成本、提高效率、优化企业结构、促进企业健康发展，最终为企业实现收益增值。企业不断增加的效益必将促使企业加大技术投资，形成良性循环。

（3）人力资源规模化、专业化。企业拥有较大的生产规模和市场规模，且企业内一般有较高的专业化分工，这就存在着必然的较高人力资源需求，才能实现大型企业各部门正常的运作。因此，随着企业的发展，人才队伍也逐渐趋于规模化、专业化。规模化、专业化的人力资源是大型企业实现持续发展的必要特征。

（4）市场国际化。由于先进的技术力量和卓越的组织管理，大型企业在竞争中更容易胜出。企业扩张是这种利益驱动下的组织体的本性，大型企业往往通过扩张才能实现自我业务结构和组织结构的优化。因此，大型企业只有在面对国际市场时才能实现资源的最大化，发挥自我优势。近年来，我国的大型企业不断成长，接受来自世界范围内的大型企业的挑战，业务综合能力不断提高。与此同时，我国大型企业也呈现出"走出去"的趋势，在国际舞台上发挥着越来越重要的作用。

2.1.2　大型企业生产安全风险特征

相比于一般企业，大型企业在产业规模、人力资源、经营发展等多方面具有无可比拟优势的同时，也存在诸多的生产安全风险。这些生产安全风险具有以下特征。

1. 生产安全风险的复杂性特征

大型企业的复杂性特征体现在组织结构上。大型企业与中小型企业的组织结构有着巨大的差别。大型企业由于其不断扩大的发展规模，企业内部的业务活动也不断趋于复杂，企业组织结构也不可避免地扩大，下级单位的层级可达到五六层之多，典型的组织结构如图 2.1 所示。

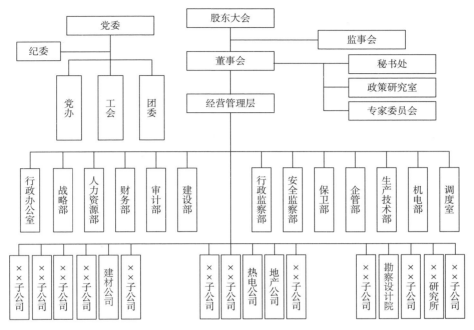

图 2.1　我国大型企业管理的组织结构

在庞大的组织结构内部，由于不同组织部门的利益诉求不同，业务单元之间的协作效率较低，相互之间的联系也被弱化。此外，复杂的组织结构会导致信息沟通出现障碍、因职责分明而产生的本位主义和职责分工的交叉重叠等组织缺陷，进而产生复杂的风险漏洞。一旦企业内部出现风险，大型企业由于其自身独特的内部关联结构，风险便会逐层演化，最终导致生产安全事故的发生。

大型企业组织结构的复杂程度决定了建立安全管理体系的难易程度。一些大型企业直接引进了国外的安全管理体系，对促进企业安全理念的建立和安全风险管控水平的提升发挥了积极作用，但也出现了不少"体系和管理两张皮""水土不服"的问题。不同国家、不同行业类型的大型企业的安全组织结构一般不同，安全管理体系的适用性也不同，构建符合企业实际的安全管理体系进行风险管控也具有一定复杂性。

2. 生产安全风险的多样性特征

大型企业巨大的生产经营规模和人力资源规模，决定了企业的人员和设备数量庞大。随着专业的不断细化与生产效率的加大，人员个性化、设备多样化的趋势也在不断形成，人因和设备管理也面临着生产安全风险的多样化。

大型企业中，不同人员的学历、岗位级别、工作年限、家庭背景、工资水平、沟通能力、协调能力、专业水平、团队意识与合作精神、心理素质、性格和气质等的差异性表明企业不同层次人员的多样化。大型企业的国际化程度较高时，员工还具有多重的文化背景。企业员工的诸多差异集中体现为风险感知能力、风险预防能力和风险抵御能力三个方面。差异化的人员特点和统一化的组织管理是大型企业管理过程中不可回避的矛盾，差异化的人员特点极易导致风险漏洞的产生，并且加大了风险管控措施的实施难度。

现代大型企业生产一线有着大量的机械设备，而且种类繁多，包括电子仪器、构筑物、生产机械、特种设备、监测仪表、安全防护设备、起重设施等。企业的多数设备在生产过程中存在风险，易发生由于操作失误和设备意外故障引起的生产事故。尤其在中国加入 WTO 后，大型企业越来越呈现出技术集成、装置集成以及高度流程化的特点，并不断朝着大型化、自动化、数字化、智能化的方向发展。我国先进的生产设备和落后的管理模式之间的矛盾日益突出。设备管理是企业生产经营中的重要管理部分，实行全过程的设备管理和全寿命周期的设备监测是大型企业预防安全风险不可或缺的一个部分。

综上所述，人员和设备等管理对象的多样化是大型企业的一个显著特点，同时致使生产安全风险量剧增，而且风险类别繁多。这要求企业需要根据风险特点，制定不同层次、不同属性的风险管控模式。

3. 生产安全风险的综合作用性特征

大型企业是一个复杂的生产系统，其安全风险或重大事故大多不是由单一因素导致的，而是由多个方面因素综合作用产生的[89~91]。根据 2015 年度中国企业五百强名录，统计分析企业资产在 1 000 亿元以上的 144 家大型企业集团中，生产安全事故高发企业数量在行业中的分布，见图 2.2。由图 2.2 可看出，我国生产安全风险大量暴露、生产安全事故高发的大型企业，大多分布在控制国民经济命脉的重要行业领域，如钢铁、煤炭、建筑、汽车、电力、石油、军工和化工领域，而这些领域的显著特征是生产风险因素的耦合作用强，企业面临生产设备、作业环境、产品及原料、人员行为、安全管理、政府监管等多方面风险因素的相互制约、相互影响。

例如，中国钢铁行业中的大型企业分布点多、面广、地域跨度和规模大，且露天设备较多；作业环境通常呈现高温、高压的特点；大型机械、管道等特种设备密集，存在多种风险因素。此外，钢铁企业资产较集中，作业环境差，易燃、易爆、有毒、有害物质多，人员素质、安全意识差异大。因此钢铁行业在生产运行中面临着自然灾害风险、设备故障风险、生产工艺系

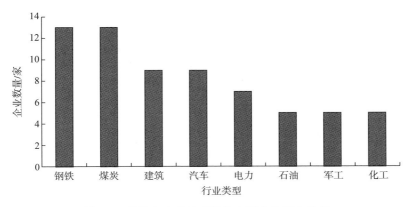

图 2.2　我国生产事故高发的大型企业行业分布

统风险、爆炸风险、火灾风险、人为操作失误风险等多方面的风险，多种风险综合作用，进而导致该行业具有风险管控难度大、责任风险与事故风险突出的特点。因此，生产安全风险的综合作用性特征是大型企业区别于其他企业的最重要的特征之一。

4. 生产安全风险的内部控制薄弱性特征

现代意义上的内部控制所涵盖的内容已经包括了企业安全风险控制在内的所有经营活动，包括事前控制、事中控制和事后控制。大型企业因为规模庞大，组织结构复杂，管理链条增长，内部控制能力相应得到极大的削弱，很可能导致生产安全风险的形成。这是由于大型企业业务的高度分工，不同地域和工作领域的信息交流和分享有着很大的困难，极有可能面临信息延迟与信息拥堵，这严重影响着高效安全管理的实施。相比之下，规模较小的企业因为其组织结构轻型简洁，在经营活动中有着较大的弹性，生产安全风险更容易避免。此外，大型企业集团的子公司或次级部门往往有自身的一套运行制度，致使企业总部在安全制度管理和风险管理中往往鞭长莫及，无法统一指挥和部署。

对于大型企业经济活动中的大部分风险，尤其是本书研究的生产安全风险，内部控制是风险管控的重要且高效的方法，通过内部控制可以有效地遏制企业内部风险的衍生，并且可以有效阻断生产安全风险在企业内部管理链上的演化和传播，进而达到从根本上预防事故的目的。而且，内部控制还是其他风险管控措施有效实施的重要前提，卓越的内部控制系统可以保证其他风险管控措施的效率。综上所述，我国大型企业的内部控制较为薄弱，企业基本单位之间的关联性被大大降低，各组成单元趋向各行其是，这是当前企业安全风险管控能力被削弱的重要原因。

2.2　WSR 方法论概述

2.2.1　WSR 方法论相关概念

　　WSR 方法论是将系统工程的基本理论与中国传统思维模式、思想理念相结合的一种系统工程方法，其内容包括了系统中所有的实践活动[47]。WSR 方法论中，"物理"指的是自然科学中对客观世界的解释的综合，包括物理、化学、生物等。在研究"物理"的过程中，建构一系列的理论来揭示宏观和微观世界的运行规律，如极限零度达不到是由热力学定律解释、光合作用可以解释地球大气氧气的平衡、铁会锈蚀是因为化学作用的发生。"事理"的问题通常用运筹学、管理学、工业工程方面的知识来回答，如美国的阿波罗计划、核电站的建设和供应链的设计及管理等。运筹学的研究，也可以认为是事理科学的研究。"人理"问题通常用人文与社会科学、心理学、行为科学的知识去研究。例如，对于岛国日本来说，国土面积较小，自然资源匮乏，核能受到青睐，但是人们忌惮于各种核泄漏导致的事故，进而会对核电站的建设持强烈反对的态度，这便是"人理"对社会经济生活的影响[47]。

　　WSR 方法论提出以来，我国不同的学者对其概念有不同的理解和界定[47~51, 92]。顾基发[47, 49]认为"物理"是指物质运动的机理，需要的是真实性，研究客观实在；而高飞[48]认为"物理"是阐述自然客观现象和客观存在的定律、规则，通过数据、方程、描述及其他方式表达出来；"事理"是指帮助人们基于世界和客观存在的机理之上的有效处理事务的方法；"人理"是指以我国传统文化和价值观念为基础，结合一些现代人文学科的先进观念对人的思想和观念进行研究，重点集中于如何通过转变人的思想来影响人的行为。张彩江和孙东川[92]综合了对 WSR 方法论不同的认识后，指出"物理"是指在解决问题、实现目标的过程中物质世界的运行规律以及现象的内在解释；"事理"指的是人体在参与到物质世界中时，为促使目标实现的所有关系的综合；"人理"指的是目标实现过程中人体与目标相关联的概念模型的综合。

　　WSR 方法论是物质世界、系统组织和人的动态统一，是整体、局部与细节的有机融合。生产实践过程中，系统问题无一例外都涉及物理、事理、人理这三个方面和它们之间的相互关系[47]。因此，考虑问题应涵盖这三个方面，如此便可确定有关主体的所有内容，同时可以加深对考察主体的进一步理解，以期更加合理、科学、全面地构建对策和解决问题。而 WSR 方法论全面、综合地考虑了物理、事理、人理三个维度中的每一项，主要内容[47]见表 2.2。

表 2.2　物理、事理、人理系统方法论内容

包括方面	物理	事理	人理
对象与内容	客观物质世界 法则、规则	组织、系统 管理和做事的道理	人、群体、关系 为人处世的道理
焦点	是什么 功能分析	怎样做 逻辑分析	最好怎么做 人文分析
原则	诚实 追求真理	协调 追求效率	讲人性、和谐 追求成效
所需知识	工程学、自然科学	管理科学、运筹学、系统科学	人文知识、心理学、行为科学

　　WSR 方法论强调物理、事理和人理在解决复杂巨系统中同等重要，不可偏废。仅重视物理和事理而忽视人理，整个系统的运行缺乏人的调节与沟通，必然会导致系统任务执行过程阻力增大，运行效率降低，系统的整体目标实现就无法得到保障；如果单一地强调人理而违背物理、事理，不遵循客观规律与标准制度，必然会使系统运行中的风险增大，进而可能会增大系统的风险管理成本，这将导致系统目标的完成质量受到影响。总之，"懂物理、明事理、通人理"就是WSR 方法论内容的核心思想与高度概括。

2.2.2　WSR 方法论应用步骤及原则

　　顾基发和唐锡晋[47]在早期研究中，提出了 WSR 方法论的一般工作过程，包括理解意图、制定目标、调查分析、构造策略、选择方法、协调关系、实现构想，共 7 个步骤，该工作过程及支持工具，见图 2.3。

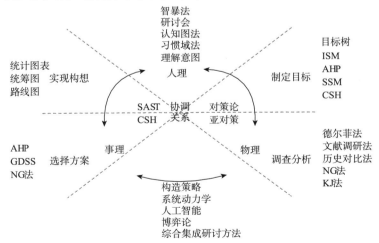

图 2.3　WSR 方法论的工作过程及相关支持工具

ISM，全称 interpretive structure modeling，即解释结构模型法；AHP，全称 analytic hierarchyprocess，即层次分析法；SSM，全称 signature selling method；CSH，全称 critical systems heuristics；SAST 全称 strategic assumption surfacing and testing；GDSS，全称 group decision support systems；NG，全称 nominal group

在对用户目标和初衷进行全面了解和思考后，实际操作者根据工作过程的理解，凭借经验和学习对考察对象的特点进行归纳，进而形成适用于方法论的概念原型，包括基本假设、初步实践目标，并以此开展调查工作。理解意图可用智暴法、研讨会、认知图法等，制定目标可采用目标树、ISM、AHP、SSM 等，调查分析可采用德尔菲法、文献调研法、历史对比法、NG 法等。然而，由于人力、物力、财力、思维能力等资源有限，调查不可能是面面俱到的。调查分析的结果是将概念原型演化为详细的概念模型，进而对初始目标进行修正与完善，并且根据前述结果构建宏观策略和具体实施方案。构造策略可选择系统动力学、人工智能、博弈论等方法。选择方案可利用层次分析法、综合集成研讨厅法等。最后，通过统计图表、统筹图或路线图实现构想。

WSR 方法论是一种针对复杂系统并通过系统的、综合的、整体的视角来对问题进行剖析，进而提出应对策略的方法论。由于 WSR 方法论主张在不同场合，应用已有的适用于具体要解决的系统问题的方法，被西方的系统工程研究人员称为超方法论，是以各种方法为研究基础的一种集成方法论。因此，在研究具体系统问题的时候，采用怎样的工作过程与方法，还应按实践领域和考察对象灵活变动。

顾基发研究员指出，在运用 WSR 方法论解决实际问题时，应主要遵循综合原则、参与原则、可操作原则以及迭代原则[47]。

（1）综合原则。即综合所研究系统内部、外部的各方面知识。WSR 方法论针对复杂巨系统，在研究系统问题时，必须要取长补短，博采众长，有效地结合各专业学科的知识以及各方的不同意见，从而帮助获得关于研究对象的全面信息，这就决定了各方面的相关人员必须积极参与。

（2）参与原则。有效参与是参与原则的基本要求，参与人员通过互动增进了解，进而可以提高沟通效率，有助于在工作过程中对各自目标和意图的传达和理解，从而形成可行性强、可操作程度高的实施方案，也确保系统中所有的要素都被纳入考虑之中，这样才能更加发挥 WSR 方法论的系统有效性。如果系统问题所涉及的人员不积极参与或没有形成良好的沟通机制，将导致系统因素分析片面、研究目标设计不合理、方案针对性不强等问题。

（3）可操作原则。研究系统的方法和工具的选择都应考虑到实际情况，研究结果可利用性程度高。可操作性原则主要包括两个方面，首先是宏观目标和任务的可行性。例如，国外公司的方案和策略在我国的传统文化背景下是否可行，目标收入和业务规模是否匹配等。其次是具体实施措施的可操作性。例如，技术装备能否支撑方案的实施，操作人员的能力是否满足方案的要求等。通过理解和平衡理论与实践的关系，实现理论和实践的高度契合，能使方法论在具体实践操作过程中发挥其功能并且更好地指导实践，是可操作原则的重要内涵。

（4）迭代原则。对于任何系统科学中新问题的认识，都不可能是一蹴而就、面面俱到的，而是一个不断学习、反复完善、渐趋合理的过程。从对目标对象的认识到执行策略的建立，以及最后对方案的实施，研究人员都处于一个理解、执行、错误的动态循环过程中。因此 WSR 方法论的这种迭代学习的特点使得对具体问题的研究逐层深入，持续改进。在此动态过程中，若干系统元素会被弱化，其他元素会被增强，这也体现了该方法论的选择合理性。因此，系统整体和个体元素之间的交互影响是所有动态问题得到解决的有力保证。

2.3　WSR 方法论对企业生产安全研究的优势分析

在大型企业的生产系统中，人员、设备、环境、方法等都是不可或缺的要素，各要素之间有着千丝万缕的联系，对其管控模式进行研究，也必须从系统角度去分析。WSR 方法论能够为构建和优化升级企业的生产安全风险管控模式提供指导，其优势主要体现在以下四个方面。

（1）相似性。WSR 方法论是一种可用于生产实践活动的分析方法，其特点是物、事、人的高度统一。大型企业安全风险管控的目的是发现企业存在的安全隐患，并持续改进企业在人、机、物、管、环五大方面存在的缺陷，并保证企业员工免受人身伤害，进而保证大型企业安全、健康发展。WSR 方法论和风险管控看似属不同的概念范畴，实则二者关联性很强，方法论对风险管控有着极强的适用性。因此，将 WSR 方法论用于大型企业的风险管控模式研究，可以呈现更科学、更全面的结果。

（2）复杂性。大型企业的生产安全系统呈现高度的复杂性，通过将多样化的人才、技术、设备和管理等系统要素配置结合，达到生产安全的保障，从而实现企业效益的最大化，实现企业与社会的协调发展，其中包含了政府监管、企业自身管理、法律法规标准、企业生产、社会影响等多个方面。人、安全监管、法律法规标准体系、整改策略等都是控制生产安全风险的关键要素。大型企业的生产安全风险管控模式是一种物、事、人三大因素相互交织、高度融合、密切影响的运行模式，同时这三种因素又相互独立，有着各自的理论范畴和组织空间，这些特点都确保了管控模式对实现企业可持续发展的有效性。WSR 方法论作为一种面向复杂性和巨系统的方法，将工程项目生产安全风险管控问题分为物理、事理和人理三个方面，并从这三个维度出发将所有生产过程中的风险因素纳入定性和定量的考量分析中，从深度和广度上进一步实现了安全风险管控人员对风险的认知升级，从而加强了对大型企业风险复杂性的理解，使风险管控工作更加科学有效。

（3）系统性。大型企业发展必须要坚持以人为本的原则，人员和作业环境安全无疑是企业经济效益扩充和资本增值的首要前提。随着人类社会文明程度和发展水平的不断提高，对于人的安全和健康的关注已经成为企业发展的第一要务。大型企业安全风险管控问题是一个包含政府、企业、员工等多个相互作用的子系统的大系统的问题，其运行方式和机制还受到国家政策、企业情况（效益、管理水平等）等影响。WSR 方法论所提供的就是一种系统解决方法，从不同维度对企业风险要素进行识别与分离，通过不同方法的组合达到风险管控的目的，尤其对于风险类别繁多的企业，有着极强的针对性。由此可见，运用 WSR 方法论来解决大型企业的风险识别与管控问题是科学合理的。

（4）科学性。WSR 方法论涉及诸多知识领域，并强调综合应用各领域的知识才能达到解决问题的目的。此外，该方法论还将规章制度、道德伦理和其他发展理念有机融合。大型企业安全风险监管的涉及面极广，很难用一两种学科将其全部覆盖，因此采用 WSR 方法论可以科学地解决安全风险管控中出现的各种自然、行为、管理问题，为完善大型企业安全风险管控模式提出真正具有支撑作用的建议。除此之外，WSR 方法论中的人理非常重要，这也是我国大多数大型企业所忽视的一个重要因素。

2.4　本章小结

本章对大型企业的定义及划分进行了分析，明确了研究对象的范围及其共性特征，通过研究并指出了大型企业生产安全风险具有复杂性、多样性、综合作用性、内部控制薄弱性特征。同时介绍了 WSR 方法论的重要概念、主要内容、工作过程和基本原则。在此基础上，阐述了 WSR 方法论在大型企业生产安全领域的系统建模、危险因素分析等方面的研究进展，得出了用 WSR 方法论对企业多因素耦合作用导致的安全问题进行研究，具有极大合理性和适用性的观点，并通过进一步研究，指出了应用该方法进行大型企业的生产安全风险管控问题研究，在相似性、复杂性、系统性和科学性方面均具有较大的优势。

第 3 章　基于 WSR 方法论的生产安全风险因素分析

对大型企业生产安全风险因素的分析，是研究其安全风险管控模式的基础。本章将应用 WSR 方法论，分别从大型企业的物理、事理、人理三个层面对主要风险因素进行分析，并根据事故致因理论及其当前研究成果，从系统风险形成的角度阐明主要风险因素包括的具体内容，为进一步采用具体研究方法对风险形成过程及管控模式进行分析奠定基础。

3.1　企业生产安全风险的物理因素分析

WSR 系统方法论中，"物理"是指系统中涉及物质运动的机理，它既包括狭义的物理科学，还包括化学、地理、大气环境等其他方面的科学。物理侧重的是真实性，研究客观实在。大学理学院、工学院传授的知识以及作业现场的工程技术主要用于解决各种"物理"方面的问题[47]。企业的生产系统中，也存在物理层面的安全风险。结合风险的定义，企业"物理"层面的安全风险可定义为生产经营过程中所需用的环境、物质资源或工具在一定条件下造成事故经济损失或人员伤亡、伤害的可能性。因此，企业的生产环境、物质资源或工具作为物理因素，其安全水平或可靠性，决定着其物理层面生产安全风险的高低。

企业生产中出现较大安全风险，进而导致事故经济损失或人员伤害，其背后一定隐含着导致风险演化和事故发生的原理，只有对其发生原理有了充分的认识和理解，才能制定相应的预防措施，防范风险的衍生蔓延。事故内在机理的发展过程，也是安全风险因素被不断揭示的过程。

在 20 世纪初的早期研究中，人们通常将生产中的事故单一归结在人的因素上。随着人机工程学的兴起以及事故致因理论的不断完善，设备设施导致的事故渐渐受到人们的关注，欲减少事故的发生，必先保证设备设施本身的安全性。明兹（A.Mintz）和布卢姆（M.L.Bloom）通过现场调查指出，事故的发生不仅仅与个人因素有关，人员接触的设备、生产条件也是重要的影响因素[93]。20 世纪 60 年代初，由吉布森（Gibson）提出，并由哈登（Hadden）引申的能量意外释放论，进一步确立了生产系统的物理层面在事故致因中的重要地位，同时也推动了事故致因理论的发展[94]，其认为事故是一种设备的能量意外释放，其作用对象为人，当该能量超过人体的承受能力或设备的防护能力时，则会造成人员伤亡或经济损失（图 3.1）。企业生产系统中的物理层面，通常包括机械能、化学能、电能、热能、原子能、辐射能、声能和生物能等能量载体，正常运行时，能量在各种约束和制约下，按照企业的意志流动、转换和做功，实现生产目的；但如果设备的可靠性不高或安全防护措施不到位，则容易导致安全风险加大，甚至导致能量异常释放造成事故。能量意外释放论的提出与发展，使人们对生产系统中物理层面的风险也更加重视，提出了通过控制能量来提高企业生产系统安全水平的方法。基于此理论，我国在安全科学研究中，将有毒、有害的危险化学品也归为能量的一种，其成为风险识别的重要一项。

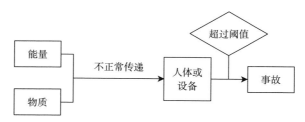

图 3.1　物理层面的能量意外释放事故致因模型

20 世纪 60 年代末，生产系统物理层面中的"物的不安全状态"和"环境的不安全条件"成为事故致因理论中不可或缺的影响因素[95~109]。类似于能量意外释放理论，陈宝智和吴敏[95]提出了事故致因的两类危险源理论（图 3.2），并将导致事故发生的因素归结为两类危险源，第一类是释放能量的载体，第二类是导致能量或危险物质约束或防护措施失效的各种因素。同时认为，前者是后者发生的基础，其直接决定了事故后果的严重程度；后者是前者的必要条件，决定事故发生的可能性。两类危险源理论强调了生产机械设备、生产材料等能量载体安全的同时，也强调了生产系统中安全防护设施因素的重要作用。

随着科技的迅速发展以及生产设备、工艺的逐渐复杂，关于事故致因的研究更侧重于从整个系统角度出发。而影响企业生产安全风险的物理因素，尤其是安全防护因素，在系统安全中所起的作用也不断增强。系统安全的产生是以 20 世纪 60 年代美国国防部颁布的《系统安全大纲要求》为标志的，该标准是针对军用产

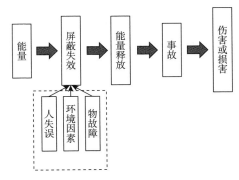

图 3.2　两类危险源事故致因理论模型

品而设计发布的。系统安全以内在安全为核心理念,以本质安全为基本要求,即工艺过程、机械设备、装置等系统物理层面的安全[96]。本质安全设计是实现本质安全并被广泛应用的一种技术理念。20 世纪 70 年代中期,针对工业领域的过程技术,英国的研究人员首先提出了本质安全的先进理念,包括消除、最小化、替代、缓和、简化五项技术原则。在弗里克斯保罗、塞维索等重大工业事故之后,本质安全设计的理念在涉及工艺过程和生产装置的危险化学品领域和化工、石油领域受到广泛重视[96]。经过本质安全设计后,系统中的安全风险得到了有效控制,但仍然存在发生事故的可能性,即存在"残余危险"(residual risk)。针对这种残余危险,美国化工过程安全中心于 20 世纪 80 年代提出了防护层措施,其理念模型如图 3.3 所示[97]。

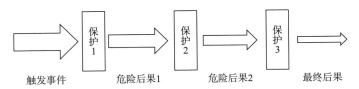

图 3.3　防护层减小残余危险的理念模型

根据国际电工标准 IEC61511《机能安全-过程工业安全仪表系统》,典型过程的工业防护层主要由七个部分组成,具体见图 3.4,其中,机械防护和结构防护分别被称为主动物理防护和被动物理防护。基于系统本质安全理念,本质安全化的管理思想也被应用于不同行业的安全领域研究,全方面地对企业生产安全风险进行防护或控制。

轨迹交叉、能量意外释放事故致因链表明,生产设备、工艺流程、工业防护措施等所在的作业环境中,噪声、振动、粉尘、有毒气体、温湿度等物理因素不仅会对人员造成职业病危害,还会形成生产安全风险,导致事故的发生[93, 94]。除此之外,自然环境也是影响生产安全风险的物理因素,尤其在地下工程、露天

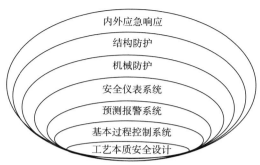

图 3.4　过程工业防护层示意图

作业中,地质、大气环境因素对生产安全的影响至关重要。吴有信等[98]指出,地质因素中的断层导水、岩溶裂隙导水等是导致矿井水患灾害的原因;姜耀东等[99]在研究我国煤炭开采中的冲击地压机理与防治中指出,深部煤层地质构造特征、煤岩层空间结构与矿井动力灾害关系密切,应加强进一步探索;吴言军等[100]在北京地铁建设研究中指出,底层岩性、水文地质、气候影响等方面都存在安全风险,并进行了风险评价研究。可见,作业环境与自然环境均是影响生产系统安全风险的重要物理因素。

　　企业的生产离不开物理层面的安全运行。由于人们对生产效率的不断追求,现代化大型企业的生产系统也不断向着高速化、精密化、自动化、复杂化的方向发展,其机械、电气、化工、交通运输及信息传递设备及控制装置的可靠性及安全性,以及生产环境条件均在很大程度上影响着物理层面的安全风险水平。根据事故致因理论中的因素分析,基于 WSR 方法论,从物理层面对大型企业生产安全风险的影响因素进行归纳,分为生产设备因素、固有危险源因素、安全设施因素、生产环境因素四个方面,结构如图 3.5 所示。这四方面因素构成大型企业生产系统的物理层面,并在一定条件下,可对生产安全风险造成较大程度的影响。

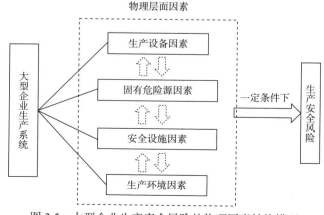

图 3.5　大型企业生产安全风险的物理因素结构模型

3.1.1　生产设备因素

生产设备是指企业为了进行生产活动，对投入的劳动力和原材料所提供的必需的相关劳动工具的总称，也是将劳动力和原材料转化为最终产品的物质基础。生产设备作为现代科学技术发展的成果，决定了企业的综合生产效率和产品的质量保证能力，是企业生产能力和发展水平的重要标志。然而，生产设备作为人类改造自然能力的物质基础，大多情况下也是一种能量载体，并具有危险属性。尤其在大型企业生产系统中，生产设备水平不断趋于大规模化、复杂化、连续化和集成化，其安全风险也越来越高。

设备故障的发生，往往导致能量意外释放的连锁反应，这是生产事故发生的重要安全风险因素。1989 年，Willie Hammer 关于事故的研究结果表明，与生产环境相关的许多危险均与作业人员使用生产设备或工具紧密相关，生产设备的危险因素在一个时期的调研中，曾被认为导致了工厂绝大多数的伤害事故[93, 94]。在人因工程及可靠性分析领域，也认为设备或机器的设计、人机交互界面的合理性通过对人及时接收信息、正确决策和做出动作响应产生重要影响，进而导致生产事故的发生[102]。我国对设备类的风险因素也做了规定：未按规定配备必需的机器、设备、装置等；选型（机器、设备、装置）不符合实际需要；运转（机器、设备、装置）不正常；安全标识（机器、设备、装置）不合规范；作业空间不满足需要等。

大型企业的生产系统，一般包括主体机械设备及生产工艺、小型生产工具或装置、运输和储运设备、特种设备以及其他设备或能量载体，见图 3.6。

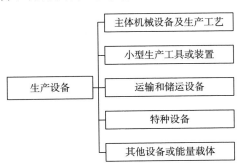

图 3.6　生产设备因素包括的物质类别

图 3.6 中设备的机械化水平、安全性、可靠性、功能选型、完好率、人机设计水平均影响着其安全风险的大小，其含义说明见表 3.1。

表 3.1　企业生产设备的安全风险影响因素说明

因素名称	含义
机械化水平	生产作业中机器设备作业的数量占总作业量的比例
安全性	设备运行过程中对生产安全的保障能力
可靠性	在预定的时间内，机器设备无故障完成规定任务可能性
功能选型	设备选型与实际生产需要的匹配性
完好率	设备维修保养合格情况
人机设计水平	保障人机之间互相协调、安全、高效操作的设计水平

企业生产设备的机械化水平越低，机器代替人的作业越少，人受到的安全风险越大。人机设计水平决定着人的误操作概率，不合理的人机界面设计可大大增加人的不安全动作，进而导致事故的发生。企业的生产过程具有连续性，这也要求生产设备能够稳定运行[103]。如果设备的选型不合理、安全性或可靠性较差，很可能导致生产过程中能量意外释放，从而导致事故发生。此外，设备的完好率也是保证安全生产顺利进行的重要因素。

3.1.2　固有危险源因素

固有危险源是指企业长期或临时地生产、加工、产出、运输或存储的危险化学品，主要涉及生产工艺过程中的原材料、辅料、产品、半成品和废弃物[104]。当这些危险物品的数量等于或超过临界量时，被称为重大危险源。影响大型企业生产安全风险的固有危险源因素主要包括的物质类别如图 3.7 所示。

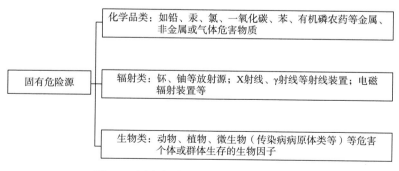

图 3.7　固有危险源因素包括的物质类别

化学品类、辐射类和生物类固有危险源均有其独特的物化性质，其本身就可以使作业场所的安全风险加剧，并对接触人员的健康造成危害[105]。例如，二氧化硫、氯化氢、溴甲烷、乙醛、氮氧化物等刺激性气体，多为化工企业的重要原料或副产品。而在生产工程中，常因设备、管道被腐蚀而发生刺激性气体的跑、冒、滴、漏现象，或因管道、容器内压力增强而造成刺激性气体大量外溢造成事故，其危害性不仅限于工厂车间，还可导致周围厂房设施的损毁或连锁反应，同时造成环境的严重污染。在火灾、爆炸和大量有害物质泄漏的情况下，可造成群死群伤的重特大事故。

固有危险源的安全风险主要取决于企业生产系统中危险物质的自身物化性质和数量。固有危险源的数量越大、自身危害性越大，企业物理层面的生产安全风险越大。

3.1.3　安全设施因素

安全设施是指企业在生产经营活动中，为了将危险、有害因素控制在安全范围内，以及为了减少、预防和消除危害所配备的装置（设备）和采取的措施[107]。安全设施的完善程度及防护水平是影响企业生产安全风险的最重要的因素。大型企业的安全设施因素包括的主要内容如图 3.8 所示。

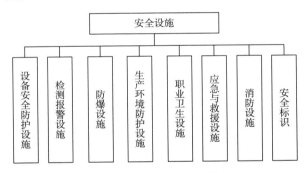

图 3.8　大型企业安全设施因素的主要内容

根据《企业安全生产标准化基本规范》，企业所有生产设备的设计、安装以及运行都不得违反与之相对应的行业标准和法律法规，对容易发生故障或危险性较大的区域，必须进行重点防护以及重点管理；安全闭锁、其他安全防范措施以及风险预控方案应当与相关设备标准一致。设备安全防护设施主要包括防护屏罩、传动设备安全锁闭装置、防雷防静电的接地设计、负载限制器、电器过载保护装置、防腐蚀或渗漏装置等，在安全防护设施失效的情况下，设备很可能发生危险物质外泄或能量意外转移，形成物理层面的安全风险，严重时即会导致事故的发生。

检测、报警设施主要涉及压力、流量、组分、温湿度、液位的实时监测与报警设施，可燃气体、有毒有害气体的检测和报警设施以及用于现场安全检查、数据分析等的日常检测设备或仪器等。例如，煤矿的安全监控系统、化工厂的安全指标监测系统等，均是企业的检测报警设施。防爆设施主要包括各种电气、仪表的防爆设施，抑制易燃易爆气体或可燃粉尘的设施以及其他防爆器材或工具。生产环境防护设施不仅包括防噪声、防振动、通风除尘、防护栏、防高温等作业场所的有害因素防护，还包括防雷雨、防地质水害、防冲击地压等自然环境有害因素的防护。自然环境的安全防护设施主要针对的是矿井、隧道、地铁等地下工程的作业环境或受大气环境影响较大的露天作业。职业卫生设施主要包括防尘防毒口罩、安全帽、安全带等免受生产作业中物理、化学因素伤害的个人劳动防护用品或装备。安全标识主要指的是通过一些醒目的警示语以及标志牌向暴露在危险源环境中的人员提出警示，以便采取措施防止危险和事故的发生。以上设备或设施都属于预防事故的安全实施，当设施不完备、失效或防护水平较低时，均将降低事故预防能力，大大增加生产安全风险。

应急与救援设施、消防设施一般属于控制事故或消除事故影响的设施。当事故已经发生时，其功能是最大限度地控制事故发展态势，减小或避免人员伤亡、经济损失。应急与救援设施主要包括堵漏、工程抢险装备，现场受伤人员医疗抢救装备，逃生和避难的安全通道（梯），安全避难所（带空气呼吸系统），洗眼器、喷淋器、逃生器、逃生索等紧急个体处置设施等。在企业中，与消防相关的设备设施是极其重要的，典型的设备包括阻火器、防爆墙、防爆门、防爆窗等隔爆设施，防火墙、防火门、蒸汽幕、水幕等设施，水喷淋、惰性气体、泡沫释放等灭火设施，消火栓、高压水枪（炮）、消防车、消防水管网、消防站等公共消防设施。这些事故或安全风险控制设施的完备程度、防护水平决定着生产安全风险的大小。

在生产系统的物理层面，安全设施因素是防止"物的不安全状态"和"环境的不安全条件"出现的重要保障，同时也是企业进行安全风险管控的重要工具。安全设施因素和生产设备因素、固有危险源因素、生产环境因素一样，均是直接影响生产系统物理功能的实质性风险因素，即有形风险。企业的安全防护水平在一定程度上也决定了企业的安全风险水平。

3.1.4 生产环境因素

在生产环境中，除安装的各种生产所需的设备、装置或危险原料给生产人员造成一定的危险性以外，往往还存在着许多其他危害因素[106]。所谓生产环境，是指企业人员进行生产活动所处的环境，其风险因素是指生产系统中对人员的安全、健康和工作能力，以及对机器、设备（或某些部件、装置等）的正常运行产生重要影响的所有天然的和人为的因素的组合。因此，在生产作业环境中，生产安全风险因素主要包括自然环境因素和作业环境因素，如图 3.9 所示。生产环境因素对大型企业生产安全风险的影响是多方面的，其影响程度主要取决于生产环境的管理水平。

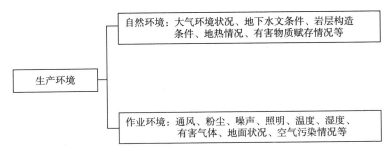

图 3.9　生产环境因素的主要内容

其中，自然环境一般对企业的露天作业、地下工程建设和生产的安全风险会产生较大影响。自然环境越复杂、恶劣，对生产安全越不利，安全风险也就越大。自然环境有害因素有其自身的发展规律，在对其机理认识不清的情况下生产作业，容易引发重大伤亡事故。煤矿井下的冲击地压、瓦斯突出、透水等事故大多是生产前对地质环境危险因素认识不足、排查不利导致的。雨雪、雷电、热辐射、高湿、低温、高原低气压等大气环境因素也是露天作业事故频发的重要原因，在现场危险因素较多且防护措施失效或不完备情况下，重大生产事故也有可能发生。

作业环境是企业生产环境的重要组成部分，其质量好坏不仅直接影响企业的生产效率，而且对生产设备与人员的安全也会产生很大影响，进而增加生产安全风险。恶劣的作业环境，容易侵蚀机械设备，并且不利于对机械设备进行及时有效的维护保养。生产人员在恶劣环境中进行作业，难免会受到空气质量好坏、温度高低、湿度大小、照明强度、噪声大小和振动等因素影响，不良物理因素轻则降低工作效率，重则导致人生理、心理损伤，做出不安全行为，进而影响整个系统的运行，引发生产事故。此外，长时间保持单一姿势操作机器或者机器设计不符合人因工程，也会导致生产人员身体状况出现问题，增加安全风险。劳动者、管理者及政府部门日益重视生产系统的环境质量，ISO 14000 也将作业环境纳入了认证标准。

3.2　企业生产安全风险的事理因素分析

“事理”是指管理和做事的道理，强调怎样去做、如何去安排，主要解决系统统筹与科学管理的问题。而具体“怎样做”和“怎么有效地做”则需要运用管理学科的知识来解决[47]。大学管理学院中的管理科学与工程、工学院中的工业工程和运筹学都是传授用于解决“事理”方面问题的基本知识的[47]。企业统筹规划不合理、科学管理不到位，必然会导致企业“事理”层面出现风险。而企业“事理"层面的生产安全风险可定义为企业以生产安全为目的的有关计划、组织、指挥、协调和控制方面的活动未进行、不到位或出现失误，进而造成事故经济损失或人员伤亡、伤害的可能性。据此，影响企业生产安全风险大小的"事理"因素，主要是指生产系统中的安全管理因素。

对企业生产安全事理层面的重视与研究，是从近代事故致因理论开始的[109~111]。事故致因因素不断探索的过程，也是生产安全风险因素逐渐被揭示的过程。20 世纪80 年代初，事故致因链的概念与相关理论首次被威格斯沃斯提出，见图 3.10。该模型指出，企业缺乏管理安排而导致的作业人员缺乏安全知识教育与培训，是发生事故过错的主要原因，应当追究责任的主体对象绝非事故的直接诱发者，加强对员工的教育培训才是减少事故发生的有效手段。

图 3.10　威格斯沃斯的事故致因模型

之后，博德和罗夫特斯对事故致因链进行了修正，并且将具体实践活动加入其中，而且还对海因里希的个人性格和特点导致事故发生的理论重新进行了阐述，见图3.11。由图 3.11 可看出，人所在组织的管理活动已经作为了事故直接原因的根源。该观点与1978 年皮特森提出的关注事故背后的组织原因和1980 年约翰逊提出的避免组织失误的观点相似，均主张通过加强企业管理来预防安全风险或事故的出现。

图 3.11　博德与罗夫特斯的事故致因模型

近代事故致因理论形成和发展于 20 世纪七八十年代，其共同观点是将教育培训、管理因素作为事故形成与演化的根本原因，但并未进一步回答这些因素具体包含的内容。2000 年，斯图尔特的现代事故致因链分两个层面回答了这个问题[112, 113]，见图 3.12。第一层是企业的管理者以及整个管理层在安全领域的行动投入，第二层是各部门对安全的重视程度和理解程度、员工参加教育培训的情况，企业的设备设施的配置、工作人员对安全工作的执行落实情况。该模型进一步具体了管理因素，指出管理层的安全投入、教育培训状况、部门及安全专员的工作、设施管理等因素是安全业绩的推动力。随后，傅贵[113]通过多年的研究分析，在该模型基础上提出了行为安全"2-4"模型，进一步将事故的根本原因具体化为企业的安全管理体系文件的不足以及体系文件中的内容步骤的具体操作与执行错误，将最根本的原因具体化为企业的安全文化缺失，并且界定了安全法律法规的制定与执行、生产安全制度的制定形式、安全投入的理解和重视程度、领导负责程度、应急能力、安全检查和事故调查类型等 32 个安全文化元素，同时给出了定量测量方法。Glendon 和 Stanton[114]也认为，组织的安全文化是其安全管理的重要标志，体现了一个企业或者组织的安全理解程度，直接决定了企业能否有效地预防事故的发生。我国学者于广涛[115]、徐德蜀[116]、王亦虹[117]、陈明利[118]、王善文等[119]均对企业安全文化或安全氛围进行了深入的研究。

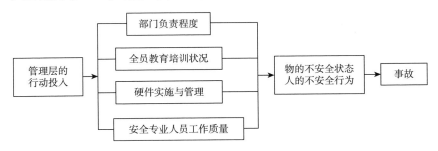

图 3.12　斯图尔特的现代事故致因模型

通过对事故致因理论的分析可知，企业在生产系统事理层面的工作，是预防、控制事故的根本举措，而事理层面的管理工作不到位，很可能是导致生产安全风险加剧的最深层次原因。随着安全管理工作不断被重视，近年来，除了企业对员工进行针对性的安全知识技能培训以及对团队组织进行安全制度建设以外，许多业界和学界的人员对其他与事理各因素相关的内容进行了细致的研究。

强化生产安全法制建设，健全各行业领域安全制度、标准和管理文件体系是遏制重大事故多发、推进我国生产安全形势根本好转的治本之策。柳长森等[120]为提高企业的生产安全风险管控水平，对我国与美国、日本的生产安全法律体系和安全管理体系进行了比较研究，并提出了具体建议。刘超捷等[121]指出法律、法规是预防和减小生产事故和职业病危害最为重要的手段之一，并对《中华人民共和国安全生产法》存在的诸多问题进行了研究。郭学鸿[122]、李唐山和郑军[123]分别对我国的安全生产法律的责任制度、煤炭企业安全制度存在的问题进行了研究，均指出企业安全的各种规章制度对规范生产安全管理具有关键作用。李仲学等[124]、唐源[125]、丁烈云和付菲菲[126]分别对矿山、土木工程、轨道交通领域的安全法规、标准进行了探讨与研究。

企业要把生产安全事理层面的工作做好，离不开合理的安全投入。刘振翼等[127]研究了安全投入与安全水平的关系，指出持续、稳定的安全投入可明显改善企业的安全水平。田水承等[128]也指出，很多企业在安全设施和安全技术中的投入不足导致了事故的发生，因此对企业的安全投入进行合理的计划分配和执行是企业的重要任务，对企业提高安全水平具有重要意义。廖启霞等[129]针对我国企业安全投入普遍偏少的现状，从企业优化决策、生产竞争及高素质人才引进三个方面对不积极安全投入做了深入剖析，并给出了对策措施。其中，企业之间的生产竞争导致的不积极安全投入模型（图 3.13），对于当前严峻经济形势下的企业安全投入研究，仍具有重要意义。

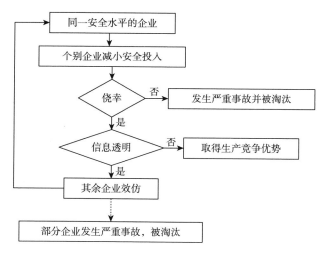

图 3.13　企业生产竞争导致的不积极安全投入模型

　　隐患排查、安全审查与评价等安全管理对策是企业生产安全事理层面的重要内容。高春学等[130]指出，隐患排查治理（程序见图 3.14）可从根本上避免"头疼医头、脚疼医脚"局部的、孤立的、经验性的安全检查方式，这不仅是贯彻"安全第一、预防为主、综合治理"方针的体现，同时也是有效防范重特大事故发生、促进生产安全状况稳定好转的重要途径。席慧璠[131]、刘占乾[132]、王强[133]还分别针对建筑行业、石油化工行业的隐患排查方法进行了研究。

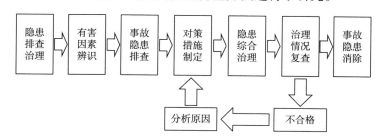

图 3.14　企业的事故隐患排查治理程序

　　根据安全学原理，企业生产系统中的绝对安全是不存在的，当前的安全科学技术也尚不能有效预测和避免所有事故的发生。因此，一旦发生事故，应急组织与响应就成为企业事理层面中的一项重要工作。苗金明等[134]指出，企业应急管理需通过统一指挥的管理体系，建立反应灵敏、运转高效的应急机制，并在应急投入基础上，形成迅速、有效处置突发事件的能力。王飞跃等[135]通过对应急预案研究指出，建立事故的应急管理体系对于提高企业应急救援能力、降低企业事故损失具有重要意义。应急响应与救援一般由应急指挥系统来完成，其系统的工作流程见图 3.15。

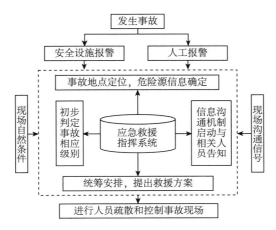

图 3.15　企业的应急响应与救援一般流程

企业的生产离不开事理活动的科学展开。现代化大型企业生产系统、经营活动、人员结构复杂、多变，这也导致企业事理层面的生产安全风险不断加剧。根据企业事理层面生产安全风险的定义以及对事故致因理论的分析，基于 WSR 方法论对现代大型企业生产安全风险的事理因素进行归纳，分为法规、标准与管理体系建设，安全投入，安全风险预控，安全文化及氛围建设，安全教育与培训，安全激励与奖惩，应急组织与响应 7 个因素（图 3.16），这些事理因素在未进行、不到位或执行失误的情况下即形成生产安全风险。

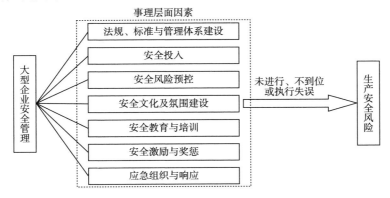

图 3.16　大型企业生产安全风险的事理因素结构模型

3.2.1 法规、标准与管理体系建设

法规、标准与管理体系建设因素是指与生产安全相关的国家法律、法规、规章、行业规程、标准及安全管理体系等文件的制定、完善及运行落实情况。法规、标准与管理体系的总体内容结构见图 3.17，主要包括国家法律、行政法规、规章、行业规程、安全标准和安全管理体系以及其他文件。

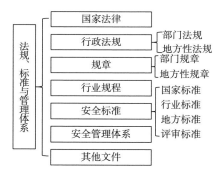

图 3.17　法规、标准与管理体系总体内容结构

国家法律主要是由全国人民代表大会常务委员会通过公布并施行的与生产安全相关的法律，包括《中华人民共和国安全生产法》《中华人民共和国劳动法》《中华人民共和国消防法》《中华人民共和国职业病防治法》《中华人民共和国环境保护法》《中华人民共和国电力法》等。

行政法规一般由国务院颁布，包括《安全生产许可证条例》《特种设备安全监察条例》《建设工程安全生产管理条例》《危险化学品安全管理条例》等。地方性法规包括各省份安全生产条例，如《浙江省安全生产条例》《四川省标准化监督管理条例》等。

规章主要包括部门规章和地方性规章。部门规章涉及范围较广，主要是由原国家安全生产监督管理总局、原国家质量监督检验检疫总局、原住房和城乡建设部、交通运输部、公安部、原卫生部、原环境保护部等部门颁布的规章或规定，包括《安全生产行业标准管理规定》《生产安全培训管理办法》《煤矿安全规程》《火灾事故调查规定》等。地方性规章主要是由各省的安监局和有关部门、地方人民政府等颁布的规章规定、通知、办法等，包括《安全生产培训机构管理办法》《企业安全生产主体责任规定》《关于危险废物监督管理若干问题的通知》等。

行业规程指的是行业协会或者权力部门制定的与本行业技术或者工艺流程相关的一系列标准规定，以确保工作人员的操作步骤规范化、安全化，包括《煤矿安全操作规程》《石油化工安全操作规程》《土木建筑安全操作规程》《消防安全操作规程》等。

　　安全标准主要包括国家标准、行业标准、地方标准和评审标准。国家标准一般是由原国家质量监督检验检疫总局、原环境保护部、卫生部等颁布的标准，包括《危险化学品重大危险源辨识》《建筑设计防火规范》《防止静电事故通用导则》《工作场所空气中粉尘测定》《呼吸防护用品的选择、使用与维护》等。行业标准一般是由原国家安全生产监督管理总局、工业和信息化部、国家国防科技工业局等部门颁发的标准，包括《企业安全文化建设导则》《企业安全生产标准化基本规范》《船舶建造安全管理》等。地方标准是指各省份监管机构颁布的标准，如江苏省建设厅颁布的《建筑安装工程施工技术操作规程》、北京市质量技术监督局颁布的《实验室危险化学品安全管理规范》、四川省质量技术监督局颁布的《建筑消防设施检测规范》等。评审标准主要是由国家、各省市安全监管局或安全生产标准化评审单位印发的标准，如《纺织企业安全生产标准化评定标准》《冶金企业安全生产标准化评定标准》《大连市船舶修造企业安全生产标准化评定标准》等。

　　公司的安全管理体系是有关安全管理的制度文件、组织结构的综合，是基于安全管理方针和目标的系统性纲领，如 HSE 管理体系、OHSAS18000 管理体系、杜邦管理体系等。构建安全管理体系及其他文件的最终目的就是实现企业的安全、高效运行。其他安全管理文件还包括企业内部制定的规范细则、安全操作流程、内部安全规定文件等。

　　安全法律、规章、标准与管理体系若存在缺陷、不足，必将影响企业多方面安全管理工作的引导与约束，使各方面安全措施的落实得不到保障，从而增加生产安全风险。总体来说，我国安全生产法律体系与美国、日本等发达国家相比，仍存在多方面不足。美国是最早建立较为健全的安全生产法律体系的国家之一，以《联邦职业健康与安全法》为核心和以其他相关各州各行业相关法律为辅的法律体系非常详尽地对安全生产实践活动做出了规定，覆盖领域广，可操作性强；日本是亚洲国家里较早开展安全生产法律制定与实施的国家，其结合本国的具体生产情况对安全生产事故多发的行业做了较为科学的界定。此外，美国和日本在法律的适用性和实时性方面也做了补充，法律体系完善、结构继承明确，值得我国相关领域的研究人员学习借鉴[120]。

　　随着经济全球化的加快，世界范围内各大型企业面临的竞争也不断加剧，然而各大型企业对各自的有关安全管理制度和组织结构的建设也在相互竞争中不断相互促进。各国各地区的道德伦理等影响安全文化的因素不尽相同，因此各企业可以相互借鉴学习，使企业的安全文化渐趋完善。与此同时，我国的大型企业在此过程中受益良多，安全管理体系从无到有，从简陋到完善，这在极大程度上是受国外大型企业安全文化的影响。即便如此，我国安全生产形势复杂，这依然有一些特有的问题亟须解决。因此，加强安全法律、规章、标准与管理体系建设，对我国大型企业生产安全风险管控水平的提高具有重大意义。

3.2.2　安全投入

企业的安全投入是指企业在生产经营过程中，为了控制危险因素、消除事故隐患或危险源、提高作业安全系数所进行的人力、物力、财力和时间等各种资源的投入。该事理因素包括主动投入（预防性投入）和被动投入（控制性投入）两个方面，主动投入又分为硬件投入和软件投入，其总体内容结构见图 3.18。

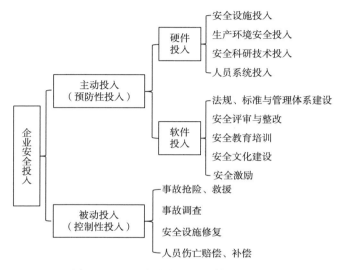

图 3.18　企业安全投入的总体内容结构

企业的硬件投入主要包括安全设施、生产环境安全、安全科研技术和人员系统等方面的投资。安全设施、生产环境投入的不足或缺失，将直接增加企业物理层面的生产安全风险。安全科研技术投入主要针对当前企业生产过程中遇到的难以解决的安全技术或管理问题，包括安全技术和安全管理方法的创新研究两个方面。人员系统的投入主要包括专职安全管理人员、兼职安全员、安全技术人员等办公条件、薪酬待遇的投入。

企业的软件投入主要涉及事理层面的安全投资，包括法律、标准与管理体系建设，安全评审与整改，安全教育培训，安全文化建设和安全激励等方面的投入。企业的被动投入是指处理已经发生或发生后的生产事故成本投入，即事故损失，如事故抢险、救援，事故调查，安全设施修复和人员伤亡赔偿、补偿等。

安全投入具有效益的潜在性和滞后性，即安全投入的效应不像其他经济投入一样很快能够显现出来，它是系统的传递和整合，需要经过一段时间才能转化为经济效益。然而安全投入的效益较难及时、直观、准确地进行评价，这也在很大程度上导致了安全投入的实际价值不易被确认，尤其在市场经济下，人们更趋于追求暂时的效益最大化,导致安全投入中的主动投入严重缺失或不足,进而造成了企业生产安全风险的增加。

3.2.3 安全风险预控

安全风险预控作为企业事理层面中影响安全风险的一个因素,具体是指企业定期或有计划地对生产系统内的隐患、危险源或其他不安全因素展开预先控制、治理,并有效降低企业生产安全风险因素的识别与管理活动。安全风险预控的主要手段和工具有:针对危险源识别的安全检查、政府部门或者其他监督机构所进行的安全审查、针对生产活动所进行安全评价、隐患排查治理和事故专项治理五个部分,见图 3.19。

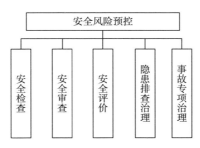

图 3.19 安全风险预控包括的内容

企业自身对生产环境、人员操作等进行的自查是消除危险源和预防事故发生的最直接、有效的途径[136]。企业的任何生产过程都会伴随一定的不安全因素,为减少事故的发生、降低安全风险,就需要针对这些不安全因素制定防范措施。而安全检查就是发现这些因素的手段和工具,是最基础、简便的识别潜在风险因素的方法之一。安全检查内容主要包括各级部门负责人和一线员工对企业安全要求和安全目标的理解和重视程度、企业员工对企业有关安全的各项规章制度和安全任务的落实情况、安全设施及作业场所内的隐患或危险源、对违反有关规定和制度的行为整改措施等。

安全审查是政府有关部门或者第三方机构依据相关行业的法规和标准对生产实践整个周期内的活动所进行的制度与操作审查、安全评价与设备设施检验等,其根本目标是识别检测项目活动中所存在的安全风险,根据相关安全管理体系文件的标准和要求,采取有效措施对安全风险进行预控,以期实现生产活动的安全高效进行,实现经济效益的绿色化和安全化。对新建、扩建工程进行预先安全审查是一种极其重要的手段,可以从源头上消除可能造成伤亡事故和职业病的危险因素,进而防止事故损失。我国较为完整且颇具特色的"三同时"验收制度,即安全审查工作的具体体现。安全审查一般包括可行性研究审查、初步设计审查和竣工验收审查。

安全评价是通过安全检查表、事故树分析等科学系统的安全检查方法对企业的生产设备和环境等进行的危险源识别、评估，据此采取综合策略对风险进行处理，以确保项目运行期间操作人员和设备设施的安全。安全评价可采用加权计分综合评价法和多阶段评价法，对企业的安全状态或危险程度进行分级。

隐患排查治理是安全检查以及安全生产标准化的进一步细化和深化，工作更加翔实、细致、可操作性强。隐患排查治理主要针对矿山、石化、冶金、建筑等危险因素集中且风险量较大的高危行业、人员密度较大的区域以及事故高发频发的企业。

事故专项治理主要是企业针对行业内已发生或容易发生的特重大事故进行的专项预防、检查或控制，如煤矿企业的瓦斯突出、瓦斯爆炸、冲击地压等事故的专项治理。

安全风险预控不到位，容易导致企业生产系统中事故隐患增加，从而导致生产安全风险的增加。

3.2.4　安全文化及氛围建设

安全文化可简单定义为：安全文化就是安全理念的集合[90]。安全氛围与安全文化含义相近，但安全文化略倾向于描述员工关于安全与风险的认知、态度和信念等，反映人们对文化的功能主义看法。安全理念是由企业成员个人所表现，为企业成员所共同拥有，是企业整体安全工作的指导思想。企业的成员对安全理念认识越透彻、理解越深刻，对安全的重视程度越高，对企业的安全参与越多，企业的安全业绩越好。

由于研究目的不同，安全文化包含的内容侧重也不同。本书基于 WSR 方法论，将安全文化建设划分为事理因素，其包括四部分内容，分别为生产安全重视、安全理念贯彻、安全价值观形成和全员安全参与，见图 3.20。

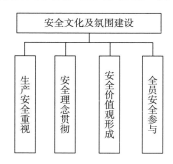

图 3.20　安全文化及氛围建设包括的内容

企业各层级的人员，尤其是领导层，如果对生产安全各项工作理解较深且极力支持，那么企业的安全管理工作便有了良好的顶层控制和强劲的动力。如果整个企业的安全重视度很低，一定不会形成良好的安全文化和安全氛围。安全理念的贯彻、安全价值观的形成是安全文化建设的核心，安全理念仅仅是口号或没有正确的安全价值观做导向，安全文化也无法进行建设。而全员的安全参与是安全文化建设的必要条件，如果仅是部分企业成员参与，企业组织内部则无法形成良好的安全互动环境，进而无法形成完整的安全组织结构和完善的安全管理体系。

安全文化和气氛建设不好，对企业物理、事理、人理三个层面均有不同程度影响，这直接导致企业面临着深层的、动态的、不可预测的高风险。企业要想避免事故的发生，就要对风险进行管控，而安全文化是企业进行安全管理的重要工具。安全文化可以提高员工对安全理念的认识，可以促使员工进行安全操作和提升企业的安全效率值，从而为企业奠定良好的生产安全基础。

3.2.5　安全教育与培训

安全教育与培训是通过集体授课、传统媒介与新媒体、参观学习等多样化的方式对企业员工以及领导进行安全知识的讲授，进而提升员工的职业素质和对安全的科学认识，以期达到安全操作的目的。安全教育与培训主要由安全态度教育、安全知识教育和安全技能培训三部分组成。

（1）安全态度教育。要增强人的安全意识，正确的安全态度是首要条件。安全态度教育的实现主要有三个途径：安全思想教育、安全法律制度教育、安全方针政策教育。只有在生产活动中不断尝试和创新安全教育，才能使安全理念真正被理解和坚守。开展安全法规、规章制度、方针政策方面的教育，使员工懂得法规具有安全约束性，一旦违反相关法规制度，会大大增加事故发生的可能性，如果导致事故发生且造成严重的损失，法律制裁则不可避免。

（2）安全知识教育。对于有潜在危险的现场操作，针对性的安全知识教育至关重要，主要包括针对现场的组织和操作流程的安全管理知识教育以及针对具体工艺和技术环节的安全技术教育。其中，安全管理知识教育指的是企业的安全管理体系、安全管理规章制度、安全管理人员组成等。安全技术教育指的是设备设施操作规范、操作现场危险源识别、事故应急处理等。通过安全知识教育，操作人员会对现场危险因素更清楚，进而减少或避免人的不安全行为和物的不安全状态。

（3）安全技能培训。企业一线员工通过对安全管理知识和职业技能的学习，可以把理论知识用于实践中，在高效生产的同时能保障自身和生产设备设施的安全。通过不断地练习达到对设备熟练地操作是提高员工职业技能的有效措施。安全技能不仅仅包括正常生产情况下的操作，还包括对生产环境和生产要素异常情况的紧急处置能力。良好的安全教育成效必然是基于企业从上到下强烈的安全责任感、娴熟卓越的职业技能和全面的安全理论。安全教育与培训的缺失，会直接导致员工的操作行为风险增大，进而可能会诱发设备设施和生产环境出现能量失衡失稳，进而导致生产系统安全风险的增加。

3.2.6　安全激励与奖惩

安全激励与奖惩是指奖惩相结合的经济激励方法，其通过内部或外部的刺激或经济奖惩，激发人的安全工作动机，使人维持兴奋的积极状态，最大限度发挥人的主动性和创造性，使企业的安全工作做得更完美和有效。

（1）奖励经济激励。这是指企业以物质奖励作为诱因，通过满足个人的物质利益需求来调动个人完成组织任务的积极性和主动性，从而驱使员工采取最有效、最合理的安全行动。员工对个人物质利益追求的欲望，促使其行动必须符合行动规范，从而实现安全管理的目的。

（2）惩罚经济激励。这是指企业利用经济惩罚手段，诱导员工采取符合企业安全行为的一种激励。惩罚激励与奖励激励相反，是从反面对员工进行引导。企业通过完善安全制度、标准或管理体系制定相关规定，如果员工违反这些规定，根据其行为严重程度，确定惩罚的不同标准。惩罚经济激励可以起到劝阻或警告的作用，使人不再发生或减少错误行为。

奖惩相结合的经济激励是激发人的潜能，鼓舞人的情绪，最大限度地调动人的积极主动性，更加有效地完成企业安全管理目标的重要事理因素。安全激励与奖惩机制不健全，将使整个企业的事理活动变得消极被动，增加安全管理的阻力，进而增加生产安全风险。

3.2.7　应急组织与响应

应急组织与响应是指为了应对生产事故的发生，预先有组织、有准备地制定措施与应对方案，并在最短时间内控制、减少已发生产事故损失和危害的一系列活动。应急组织与响应因素主要包括应急预案编制和应急救援水平建设两个部分，见图 3.21。

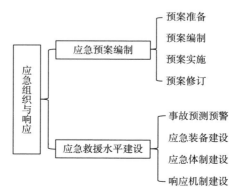

图 3.21　应急组织与响应包括的内容

应急预案又称应急计划，是指针对企业生产安全系统，基于安全风险评价，为降低已发事故造成的经济损失、减少人员伤亡所采取的应急行动的步骤和纲领，控制事故发展的方法和程序以及预先做出的科学、有效的计划和安排。应急预案编制主要包括预案准备、编制、实施和修订四个部分。

应急救援是针对生产事故所采取的准备、响应和恢复等一系列活动，其水平建设主要包括事故预测预警、应急装备建设、应急体制建设、响应机制建设。事故预测预警是第一时间采取应急救援的技术保障。应急装备建设是实施高效应急救援的物质基础。应急体制建设是指应急指挥机构、办事机构、参与救援的社会力量以及企业的救援队伍的建设。响应机制建设是为了在事故突发时，应急救援工作能够根据这个机制的内容进行快捷、有效运作，保证行动做到统一指挥，第一时间给予响应。

大型企业的应急组织与响应因素是避免已发事故进一步恶化的重要措施。如果应急预案的制订水平较低、应急装备差、应急响应速度慢、应急救援人员素质不高、应急救援力量不强、应急救援实施水平不高，很可能导致企业事故演变为重特大事故，造成更大的经济损失和人员伤亡。因此，提高企业事理层面的应急组织与响应水平，是降低生产安全风险的重要一环[137]。

3.3　企业生产安全风险的人理因素分析

人是企业生产活动的主体，不仅要组织各生产单位的有序进行，还要协调生产过程中出现的意外事件。因此，人在整个生产系统中是"指挥官"的角色，是生产系统的推动者和调控者。而"人理"的具体内涵则包罗万象，其主要是指在社会化活动中人在与外界互动接触时所遵循的规律。由于会受到各种约束，如法律制度、伦理道德、性格特点等的影响，"人理"往往又呈现出差异性，故如何通过协调优化人的行为从而达到管理物和事的目的具有重要意义。根据事故致因理论，企业生产系统中人的不安全行为机理是"事理"层面的最主要、最关键问题。然而人的行为现象及规律是动态和复杂的，这也决定了企业"人理"层面形成生产安全风险的复杂性[53]。企业"人理"层面的生产安全风险可定义为企业生产过程所涉及的人员，在一定条件下出现行为（决策）错误或失误，进而导致事故经济损失或人员伤亡的可能性。影响人的行为或决策的因素是众多的，本节重点分析影响企业各层级人员行为安全的自身特质及能力因素。

国内外研究表明，生产系统中 80%以上的事故均与人的自身因素有关[138]。早在 1919 年，英国的格林伍德和伍兹通过对多家工厂事故的统计分析，提出了事故易发倾向论，认为一些事故倾向者具有容易导致事故发生的内在特质，这些稳定内在倾向包括脾气暴躁、慌张、喜怒无常、厌倦工作且缺乏耐心、处理问题冒失轻率、自控能力低下等。1931 年海因里希在 *Industrial Accident Prevention* 一书中进一步阐述了事故倾向者的个人特质导致事故发生的事故链，并提出了多米诺骨牌理论模型[139]，见图 3.22。该模型认为，事故是由一系列因果关系的事件组成的，并指出事故的发生过程是人的遗传因素、成长的社会环境因素造成其个人内在特质缺点，从而导致人的不安全行为及物的不安全状态，进而导致事故和伤亡的出现。这两种事故致因理论确立了人理因素在事故发生或安全风险形成过程中的重要地位，并使其成为生产安全研究中不可或缺的关键因素。

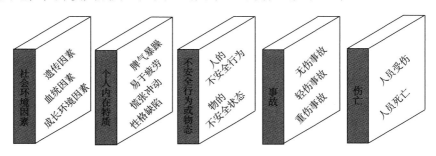

图 3.22　多米诺骨牌事故致因理论模型

事故易发倾向论和海因里希事故理论的缺陷是只从个人特质层面讨论事故致因，并认为这些个人因素是不能改变的，显然忽视了企业组织行为对个人因素的影响。傅贵[113]通过多年对预防事故的行为控制方法进行研究，提出了行为安全"2-4"模型现代事故致因链，较全面地总结了人理因素导致事故发生的过程，见图 3.23。

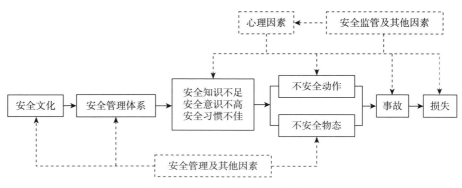

图 3.23　"2-4"模型的事故致因链

"2-4" 模型通过大量案例分析，将导致不安全动作或物态的人因归纳为事故引发者的安全知识不足、安全意识不强和安全习惯不佳。组织行为原因归结为管理体系缺陷和安全文化欠缺。同时指出，组织内其他人在安全知识、意识和习惯三个方面存在缺陷时，也会产生不安全动作或物态，进而影响事故引发者。该模型还将生产系统以外的主管部门、监管部门、设计机构、咨询机构等外部组织因素考虑在内，对整个生产系统的人员行为产生影响。该理论模型表达了个人心理－个人行为－组织行为在事故引发或风险形成过程中的关系，也表达了事故引发者行为与企业组织内、外的影响行为间的路径关系，对企业生产安全风险的人理因素分析具有重要意义。

根据以上事故致因理论分析，我们将影响企业生产安全风险的人理因素划分为企业主要负责人因素、中层管理人员因素、一线作业人员因素和外部组织人员因素，见图 3.24。这四个方面因素的行为、意识、观念等在生产过程相互影响，当出现行为、决策错误或失误时，即产生人理层面的生产安全风险。

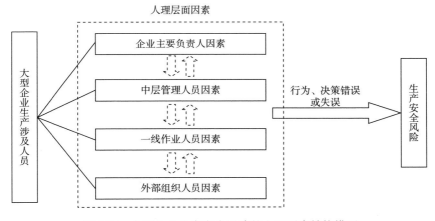

图 3.24　大型企业生产安全风险的人理因素结构模型

3.3.1　企业主要负责人因素

根据《中华人民共和国安全生产法》（2014 年）第 5 条、原国家安全生产监督管理总局颁布的《〈生产安全事故报告和调查处理条例〉罚款处罚暂行规定》（2007 年）第 3 条第 2 款规定，主要负责人是指对本单位的安全生产工作全面负责的有限责任公司、股份有限公司的董事长或者总经理或者个人经营的投资人，其他生产经营单位的厂长、经理、局长、矿长（含实际控制人、投资人）等人员。

企业的主要负责人作为"一把手"、决策人，其个人内在特质和能力决定了是否会导致生产安全风险的出现，结合安全心理学、安全行为学理论，归纳总结出三个方面，包括安全监管意识及法律观念、对安全的重视程度以及安全组织、决策和指挥能力。

（1）安全监管意识及法律观念。生产安全工作是企业管理工作中的重要内容，主要负责人缺乏安全监管意识与法律观念，将从根本上决定其对安全的不重视，这不仅影响其自身安全组织、决策和指挥能力的提高，还会对企业中的管理人员、作业人员的安全意识、行为、习惯等产生较大影响。负责人的安全监管意识和法律观念还从根本上决定着企业的安全管理活动的质量、安全投入的多少、安全机构或人员的配置情况，进而决定着企业的安全风险水平[140]。

（2）对安全的重视程度。企业领导的最低标准，就是员工的最高要求。企业是选择"安全第一"还是选择"生产第一"，是否认识到"安全是企业的最大效益"，是否把生产安全工作纳入发展战略，都取决于主要负责人对安全的重视程度。主要负责人对安全越重视，对安全工作的支持与参与越多，安全工作的展开也越顺利。安全是企业形象和长远发展不可或缺的因素，要实现企业生产的长治久安，主要负责人必须对生产安全有足够的重视。

（3）安全组织、决策和指挥能力。生产安全工作是具有长期性、复杂性的系统工程，涉及物理、事理、人理多个方面，要将安全意识与对安全的重视转化为安全绩效，企业主要负责人还需具备一定的监管能力。企业的安全投入如何决策、安全管理结构如何设置、安全激励与奖惩如何实施、重要岗位人员如何甄选等重要事理问题需要主要负责人有效组织与正确决策。企业出现突发事件或意外事故时，也考验着主要负责人的应急指挥能力。企业主要负责人的安全组织、决策和指挥能力，从根本上影响着企业的总体安全管理水平，是直接决定企业安全风险水平的根本因素。

3.3.2　中层管理人员因素

企业的中层管理人员是指除企业主要负责人和一线作业人员之外的企业管理人员，主要包括企业分管生产经营的副总经理（副总裁），技术、行政、财务等职能部门负责人，分管生产安全的总经理（总裁）或安全总监，专（兼）职安全管理人员，工作场所主任，班组长等。

根据《中华人民共和国安全生产法》（2014 年）中"管业务必须管安全、管行业必须管安全、管生产经营必须管安全"的要求，企业中层管理人员不仅负责企业的经营管理，也是生产安全的主要管理者，其影响生产安全风险的内在特质及能力主要是指安全管理素质，主要包括受教育程度、安全责任心及态度、安全管理意识、安全管理知识、安全技能、安全管理实践经验和应急管理能力，见图 3.25。

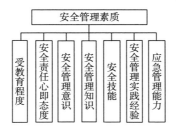

图 3.25　中层管理人员安全管理素质包括的内容

　　企业的中层管理者能否将物理、事理层面的工作做好，很大程度上取决于其安全管理素质的高低。物理层面的生产设备和生产环境危险因素的排除，固有危险源的管理，安全设施的建设、完善与维护要求管理人员具备一定的安全管理知识与科学文化知识，一般受教育程度越高、安全管理实践经验越丰富，对物的运动机制及状态变化越能够较好掌握，管理工作做得越到位。事理层面的管理工作更加细致、复杂，如事理层面的安全检查，隐患排查，规章制度、标准及管理体系建设，安全文化及氛围建设，安全教育及培训工作等，还需要管理人员具有较高的安全意识、较强的安全责任心以及认真的工作态度。安全事故具有突发性和偶然性的特点，企业安全管理再严格，手段再到位，制度再健全，都有不可预测的风险。当事故发生或遇到紧急事件时，管理人员还应具备过硬的安全技能和良好的应急管理能力。中层管理人员的安全管理素质不高，不仅不能将企业负责人的安全决策执行到位，还将直接影响一线作业人员的安全意识及行为，从而增加企业的生产安全风险。

3.3.3　一线作业人员因素

　　一线作业人员是指直接利用生产资料进行生产劳动的现场作业人员，包括现场施工或生产人员、设备操作或使用人员、特种作业人员、临时作业人员等。一线作业人员是企业物理层面的直接接触者，通常其不安全行为是导致事故的直接原因。影响一线作业人员行为安全的个人特质因素主要包括身体健康状况、心理因素、综合素质及能力、安全作业意识、安全知识及技能和安全行为习惯六个方面，见图 3.26。

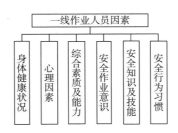

图 3.26　一线作业人员因素包括的内容

身体健康状况对作业人员行为的影响主要体现在两个方面，一是体力状况，如四肢乏力、肌肉酸痛、头昏脑涨、生理疲劳等，可引起不能适应劳动负荷量、操作力度不到位、回避危险能力差等。二是精神状态，表现为精神不能集中，反应迟钝或记忆力减退、持续职业紧张状态等，可导致操作失误、违章操作等。心理因素是指人在认知过程、情绪情感过程和意志过程中形成的稳定而经常表现出来的心理特点。人的侥幸心理、走捷径心理、逆反心理、恐慌心理和逞能心理等都是导致不安全行为的心理因素。综合素质及能力主要包括应急能力、受教育程度、学习能力、操作的熟练程度、反应能力、知识结构、职业道德及修养、安全责任感等。综合素质及能力高的作业人员对于现场危险的识别及处理能力更强，更不容易出现不安全行为。安全作业意识不强、安全知识及技能不足、安全行为习惯不佳是导致现场作业人员不安全行为出现的最主要的三个因素，也是进行行为安全管理的重点。加强一线作业人员的行为安全管理，是降低生产风险的关键。

3.3.4　外部组织人员因素

外部组织人员是指企业生产系统以外且对生产安全有主要影响的外部社会组织人员。这些企业的外部社会组织，见图 3.27。这些部门或机构人员的安全素养、安全监管能力或业务水平是外部组织人员因素的重要方面，对企业的人理层面也具有重要影响。

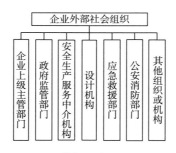

图 3.27　企业外部社会组织包括的内容

企业的上级主管部门是指中央企业或国企的上级主管部门，主要包括国务院国有资产监督管理委员会、原住房和城乡建设部、国家国防科技工业局、国家民用航空局、交通运输部、原环境保护部等，这些部门负责向国务院报告各自工作，并且自成体系，各自分管自身行业领域内部各企业的生产安全工作。此外，政府针对不同行业也设立了监管部门，通过加强监督和执法力度来实现对全国不同生产单位的监管，主要包括原国家安全生产监督管理总局、国家煤矿安全监察局、原国家质量监督检验检疫总局等及其地方政府相应的延伸机构，主要负责全国范围内的非煤矿山、煤矿、危险化学品、烟花爆竹、特种设备等企业的安全监督检查工作。安全生产服务中介机构主要是指依法设立的为生产安全经营单位或政府、为公民个人提供有偿的安全评价、认证、检测、检验、咨询等服务的机构，包括具有资质的安全评价公司、安全评审中心等。设计机构是指企业的设备、建筑等设计单位。应急救援部门和公安消防部门是指企业以外的机构部门，是企业事故发生时的重要安全保障力量。其他组织或机构包括安全科研单位、安全设施提供单位等。

企业上级主管部门、政府监管部门的安全管理能力、科学知识水平越高，对企业的监管效果越好，企业各层级人员对安全的重视程度也会增加。生产安全服务中介人员、设计人员的安全知识水平和业务能力越强，越有利于减少企业人员的不安全行为。应急救援和消防部门人员的现场指挥和应急水平越高、技术越熟练，对于控制事故、减少伤亡越有利。反之，则会大大增加企业生产安全的风险。

3.4　企业物理–事理–人理因素的综合作用分析

通过以上分析可知，企业生产安全风险的物理因素主要包括生产设备因素、固有危险源因素、安全设施因素和生产环境因素；事理因素主要包括法律、标准与管理体系建设，安全投入，安全风险预控，安全文化及氛围建设，安全教育与培训，安全激励与奖惩，应急组织与响应；人理因素主要包括企业主要负责人因素、中层管理人员因素、一线作业人员因素和外部组织人员因素。因此，大型企业的生产安全风险管控包括物理安全风险、事理安全风险和人理安全风险三个层面。而这三个层面的安全风险因素不是相互独立的，其耦合作业示意见图 3.28。一般情况下，事故很少是由单一因素导致的。企业的生产安全系统中，物理、事理、人理安全风险因素的关系是非常密切的，并通过耦合作用，风险逐渐增加，最终转化为生产事故。例如，安全投入不足或不合理，可能使生产环境的危害因素增加、生产设备的安全防护设备缺失或失效，进而导致企业物理安全风险的增加。而物理层面风险的增加，将导致一线作业人员操作失误的概率增加，进而导致事故的发生。由此可知，事理安全风险增加导致了物理和人理层面安全风险的增加。企业主要负责人对安全的重视程度不够，安全管理人员的素质不高、能力不强等人理安全风险，将导致安全管理体系建设不完善、安全教育与培训欠缺、应急组织与响应不及时等一系列事理安全风险的增加，同时也会导致安全防护设施不完备、固有危险源过多存储、作业环境较差等一系列物理安全风险的增加。据此，人理安全风险的增加也会导致其他两个层面安全风险的增加。一旦某一个风险因素得不到有效控制，就会导致整个生产系统的风险因素不断累积并耦合作用，最终转化为事故。因此，对于大型企业生产安全风险因素的控制，应从系统的角度综合考虑，只有将这三个层面的安全管理工作做好，才能有效地预防事故的发生。

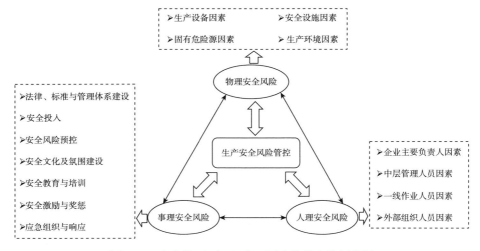

图 3.28　企业物理–事理–人理因素的综合作用分析

3.5　本 章 小 结

本章基于 WSR 方法论，分别给出了企业物理、事理和人理层面生产安全风险的定义，并根据事故致因理论及当前研究成果分析，阐述了影响大型企业生产安全的物理、事理和人理因素。物理因素主要包括生产设备因素、固有危险源因素、安全设施因素和生产环境因素；事理因素主要包括法规、标准与管理体系建设，安全投入，安全风险预控，安全文化及氛围建设，安全教育与培训，安全激励与奖惩，应急组织与响应因素；人理因素主要包括企业内部人员因素和外部人员因素两个方面，内部人员因素主要包括企业主要负责人因素、中层管理人员因素、一线作业人员因素，外部人员因素主要是外部组织人员因素。企业的生产安全系统中，物理、事理、人理安全风险因素的关系是非常密切的，它们经过耦合作用，风险逐渐增加，最终转化为生产事故。通过结合 WSR 方法论，对大型企业生产系统中的风险因素进行划分与明确，可为进一步研究风险的形成过程与管控模式奠定基础。

第4章 大型企业安全风险管控的系统动力学模型构建研究

本章根据第 3 章建立的企业生产安全系统的指标体系，按照系统动力学建模步骤，分析系统的整体结构模型、因果模型和系统动力学模型，并对模型中的变量建立定量的函数关系，为第 5 章进行企业生产安全系统的仿真分析奠定基础。

4.1 企业生产安全风险指标体系构建

4.1.1 影响因素指标体系分析

风险是发生损害或损失的可能性，而企业风险是未来的不确定性对企业实现其经营目标的影响。根据以上定义，本章针对事故发生的可能性，考察可能导致事故发生的影响因素，若将这些影响因素管控在一定水平，即可将企业的生产安全风险控制在可接受水平。因此，以大型企业为例，将第 3 章的生产安全风险因素进行整合，构建企业风险管控的指标体系，见表 4.1~表 4.3。

表 4.1 企业物理方面的安全风险影响因素

因素名称	包含内容
生产设备因素	1. 生产使用设备 2. 仪器仪表或其他生产工具 3. 产品、原料等运输或储存设备 4. 其他生产相关设备或设施
固有危险源因素	1. 危险化学品 2. 其他有害原料或产品
安全设施因素	1. 设备安全防护装置 2. 安全标识 3. 职业卫生设施

续表

因素名称	包含内容
安全设施因素	4. 作业安全防护设施 5. 环境安全保障设施 6. 消防与应急设施
生产环境因素	1. 包括大气、水文、地质等自然条件 2. 包括噪声、通风等作业场所条件

表 4.2　企业事理方面的安全风险影响因素

因素名称	包含内容
法规、标准与管理体系建设	1. 法律、规章制定及落实 2. 安全生产责任制度 3. 安全操作规范及流程 4. 安全标准制定及落实 5. 安全管理体系建立
安全投入	1. 个人安全防护用品、用具 2. 生产设备的安全防护设施 3. 安全管理人员薪酬 4. 安全教育、专项活动费用 5. 安全评审、整改费用 6. 安全科研费用 7. 安全绩效及奖励费用 8. 消防及应急措施投入
安全风险预控	1. 安全审查、检查 2. 风险评价 3. 隐患排除、危险源控制 4. 专项事故预防
安全文化及氛围建设	1. 安全的重视程度 2. 员工的安全认知（或安全观） 3. 员工的安全参与 4. 安全核心理念的贯彻 5. 安全业绩水平
安全教育与培训	1. 安全态度教育 2. 安全知识教育 3. 安全技能培训
安全激励与奖惩	1. 激励模式 2. 安全绩效 3. 惩戒方法
应急组织与响应	1. 应急预案体系 2. 应急协调组织机构 3. 信息沟通机制、制度 4. 应急救援的资源保障 5. 应急救援人员素质

表 4.3　企业人理方面的安全风险影响因素

因素名称	包含内容
企业主要负责人因素	1. 监管意识、责任及法律观念 2. 安全组织、决策、指挥能力
中层管理人员因素	1. 组织设置及人员构成 2. 安全管理素质（知识水平及能力） 3. 应急管理能力
一线作业人员因素	1. 身体健康状态 2. 生理心理因素 3. 综合素质能力 4. 安全意识 5. 安全知识及技能经验 6. 安全习惯
外部组织人员因素	1. 上级安全部门管理力度 2. 安全管理部门 3. 政府部门安全监管力度 4. 设计或咨询机构业务水平 5. 公安消防部门应急救援能力 6. 其他机构的业务水平

根据表 4.1~表 4.3 建立的指标体系，该体系包括目标层、中间层和指标层三个层次。目标层为大型企业生产安全风险管控水平；中间层分别为作业人员安全行为水平、物的安全状态水平、事故应急响应水平。作业人员安全行为水平属于人理指标，物的安全状态水平属于物理指标，事理是指对人理、物理指标的组织管理过程，通过系统运行的效率体现，因此不单独设置事故发生前的事理指标。事故应急响应水平为事故发生后，对人员伤亡、经济损失等进行控制的事理指标。指标层是中间层的原因指标，其中人理和物理指标具有相互影响作用。

4.1.2　影响因素重要程度分析

根据附录 1，对指标重要度进行调查分析。此次调查问卷共发放 100 份，有效问卷 94 份，取每份问卷的平均分值为指标分值，结果见表 4.4。

表 4.4　指标重要度分值表

序号	因素名称	指标分值	指标类别
1	现场作业人员因素	8.0	人理指标
2	生产设备因素	7.8	物理指标
3	企业主要负责人因素	7.5	人理指标
4	隐患排查、安全检查因素	7.4	事理指标
5	安全教育与培训因素	7.1	事理指标

续表

序号	因素名称	指标分值	指标类别
6	作业场所及环境因素	7.0	物理指标
7	易燃、易爆、有毒、有害物质因素	7.0	物理指标
8	安全防护设施因素	6.9	物理指标
9	安全管理人员因素	6.8	人理指标
10	安全投入因素	6.8	事理指标
11	安全生产责任制因素	6.7	事理指标
12	安全文化、安全氛围因素	6.6	事理指标
13	法规、标准与安全管理体系因素	6.1	事理指标
14	安全激励与奖惩因素	6.1	事理指标
15	应急组织与响应因素	5.8	事理指标
16	企业主管部门因素	5.6	人理指标
17	设计单位因素	5.4	人理指标
18	政府监管部门因素	5.4	人理指标
19	应急救援与消防部门因素	4.8	人理指标
20	生产安全服务中介因素	3.7	人理指标

对表 4.4 进行整理，将指标重要度按照降序排列，指标分值区间的分布如图 4.1 所示。

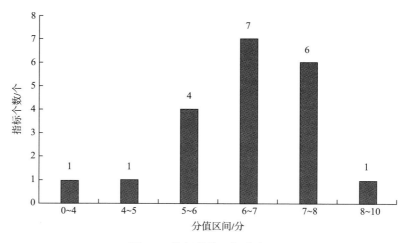

图 4.1 指标分值区间分布图

　　由图 4.1 可看出，指标绝大部分集中于 5~8 分。根据分值大小，将指标分为 3 类。0~5 分区间的指标为不重要级，5~7 分区间的指标为重要级，7~10 分区间的指标为非常重要级。本次调查中，有现场作业人员因素、生产设备因素、安全教育与培训因素等 7 个指标属于非常重要指标，占所调查问卷指标的 35%。这 7 个指标是生产安全监管工作的重点，也是本书后续建模的重要研究对象。

　　将这 7 个非常重要指标按照物理、事理、人理风险层面进行统计分析，见图 4.2。

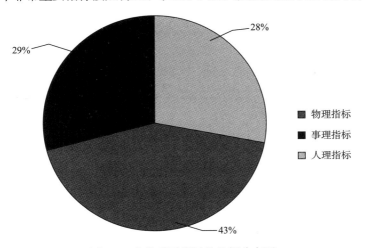

图 4.2　非常重要指标的比例分布图

　　由图 4.2 可看出，非常重要指标中物理、事理和人理指标分别占 43%、29% 和 28%，表明物理、事理和人理指标三者均很重要，在生产安全监督管理工作中应当给予同样程度的重视，而不应重视某一方面，而忽视其他两个方面。物理指标所占比例稍高于事理指标、人理指标，这也和生产安全工作中的本质安全理念相吻合。

4.2　系统动力学的特点、建模原理及流程

4.2.1　系统动力学的特点

　　系统动力学特点包括以下 5 个方面：①系统动力学是在宏观和微观的层次上对复杂、多层次、多部门、非线性系统进行的综合研究。②系统动力学强调系统性、联系、发展与运动性，认为系统的行为模式根植于其内部的动态结构与反馈机制。③系统动力学研究问题的方法是一种定性与定量结合、系统思

考、系统分析、综合与推理的方法。④系统动力学模型从总体上看是规范的，该系统的基本结构组成变量，并按功能进行分类。模型的规范，便于人们清楚地沟通，对存在的问题和政策实验的假设，利于处理复杂问题。⑤系统动力学的建模过程利于实现建模人员、决策者和专家群众的三者结合，利于综合运用多方面经验、知识、数据、资料，也利于结合其他系统学科或理论的精髓进行研究。

4.2.2　建模原理及流程

系统动力学的建模流程如图 4.3 所示。建模过程主要包括系统分析、结构分析、建立方程和模型仿真分析 4 个阶段。系统分析阶段，主要是针对所研究问题确定研究范围，并调研相关资料，展开实地调研。结构分析阶段，是应用结构框图分析、基模分析和因果反馈模型分析研究系统的内部结构。尤其是因果关系中应保证因素之间具有因果关系，而不是相关关系，否则模型拟合效果很难稳定，甚至验证不合格。建立因果模型之后，通过建立因素之间的联系方程将因果模型转化为流图模型，并通过历史数据进行模拟验证。模型仿真阶段也称为政策实验室，即通过不同政策因素的改变，对研究对象的发展进行预测，并根据结果制定有针对性的干预政策或措施。

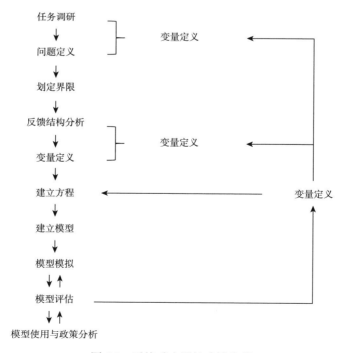

图 4.3　系统动力学的建模流程

4.3　企业生产安全风险管控的结构研究

4.3.1　系统的动力学特性分析

应用系统动力学，建立企业生产安全风险管控系统的动力学模型，其目的有以下 3 点。

（1）从宏观角度理清企业生产安全风险的因果反馈关系、不同风险因素之间的耦合作用关系。

（2）评估及预测我国大型企业生产安全风险管控水平的变化趋势。

（3）通过采取不同的安全措施，仿真研究我国大型企业生产安全的变化趋势，并制定相应的干预对策。

根据指标体系内容，建立企业生产安全风险结构框图，如图 4.4 所示。

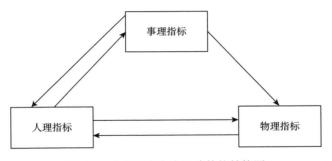

图 4.4　企业生产安全风险管控结构图

由图 4.4 可看出，企业生产安全风险因素指标分为事理指标、人理指标和物理指标三类。事故发生的直接原因是人的不安全行为和物的不安全状态，因此，人理和物理指标既是事故风险的最基层指标，也是生产安全风险的核心指标。例如，作业人员遵守安全操作规程情况、设备设施的完好状态等。事理指标主要体现在具体的生产安全组织、协调、实施过程中。例如，安全教育培训的实施过程和隐患排查治理过程，如何将这两方面工作开展好，并促进工作水平的不断提高，属于事理考察的范围。综合以上分析，人理指标和物理指标是生产安全风险监管的内容，而事理指标是生产安全风险监管的过程。在生产安全风险监管过程中，既要符合人的生理、心理特性和规律，生产设备设施、环境的运行规律，又要符合监管过程固有的运行规律。只有符合人理、物理和事理三个层面的运行规律，生产安全系统才能向着良性的正反馈方向发展，系统中具体的人理指标和物理指标才能发展到相对较高的状态水平。

图 4.4 表明三个子系统的具体关系如下。

（1）人理指标和事理指标之间的作用关系是相互的。例如，政府安监部门人员对企业主要负责人和安全员开展培训、安全员对现场作业人员进行培训等，这降低了企业的人理安全风险；而人理安全风险的降低，也会适当地减少企业各层级安全教育培训的次数。

（2）物理指标和事理指标之间的关系是单向的，事理指标单向作用于物理指标。例如，企业安全员对设备设施和环境进行隐患排查，物理指标是设备设施和环境状态，事理指标是隐患排查。

（3）人理指标和物理指标之间的关系也是相互作用、相互影响的。例如，企业作业人员需要对岗位的设备设施进行日常点检，而设备设施的完好状态水平反过来影响作业人员的安全行为水平。

4.3.2 系统结构分析

根据系统结构框图，采用系统动力学建模软件 Vensim 建立系统的基础结构模型，如图 4.5 所示。

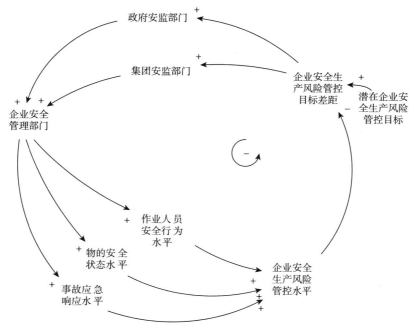

图 4.5　生产安全风险管控系统的基础结构模型

"+"表示正反馈；"−"表示负反馈

企业生产安全风险的基础结构模型，是建立系统因果模型和系统动力学模型的基础。该结构模型的含义包括以下四个方面。

（1）潜在企业生产安全风险管控目标的含义。安全是相对的，危险是绝对的，企业生产安全是个永无止境的，应不断追求的目标。如果以百分制衡量，企业生产安全风险管控的终极目标是 100 分。但结构模型强调的是"潜在的"目标，这决定了该目标是通过实践努力创造出来的，是企业当前实际的生产安全管控目标。因此，以企业近年来的生产安全的平均水平作为"潜在企业生产安全风险管控目标"。例如，某企业的生产安全工作只停留于纸面上，对于各项安全管理工作并没有严格落实，那么企业相关文件上可能设定生产安全目标分值为 100 分，而实际工作中，生产安全投入并未达到法规要求，安全培训教育和隐患排查很可能也落实不到位。这样企业的潜在生产安全目标就可能仅为 60 分左右。

（2）人理、物理、事理指标的区分。结构模式中，"政府安监部门""集团安监部门""企业安全管理部门""作业人员安全行为水平"代表人理指标；"物的安全状态水平"代表物理指标；"事故应急响应水平""企业安全生产风险管控水平""潜在企业安全生产风险管控目标""企业安全生产风险管控目标差距"代表事理指标。图 4.5 中明确表明，导致事故的直接风险是作业人员安全行为水平风险和物的安全状态水平风险。本书考察的目标是"企业安全生产风险管控水平"，并不是"企业生产安全风险大小"，因此将"事故应急响应水平"作为最基本且重要的指标。

（3）事理指标的监管层级。从事理角度对企业安全风险管理进行分析，分为政府部门生产安全监管层、企业生产安全管理层和企业安全岗位操作层。只有将这三个层次的事理指标均管理好，才能将事故风险控制在可接受范围内。

（4）系统的动态特性。从宏观整体上看，系统从生产安全监管角度不断促进"企业安全生产风险管控水平"的提高，并将之与"潜在企业安全生产风险管控目标"相比较，得出管控目标差距。从逻辑上分析，风险管控水平越高，管控目标差距越小。系统的基本模型结构是负反馈结构，同时在负反馈回路存在企业设备设施更新改造产生的时间延迟，系统的行为由它的结构决定。负反馈加上时间延迟将引起振荡行为，如图 4.6 所示。

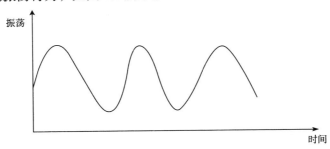

图 4.6　系统振荡行为模式

根据图 4.5 的系统基础结构，从理论上分析，系统中因素状态的变化趋势将显示为如图 4.6 所示的振荡行为。

4.4　因果模型分析

建立系统动力学模型之前，需要根据结构模型，建立系统的因果模型。系统动力学因果模型可以帮助我们理清风险因素之间的耦合作用关系，从逻辑上分析因素之间是否存在直接的因果关系。建立因果模型需要注意以下三点。

（1）箭头两端的指标是否存在因果关系。因素之间存在的是相关关系，而不是因果关系。例如，夏天雪糕销售量与犯罪率之间存在相关关系，但不是因果关系。

（2）箭头两端的指标是否存在直接的因果关系。箭头两端指标之间存在的是直接因果关系，而不是间接因果关系。例如，夏天与雪糕销售量之间，不如气温高与雪糕销售量之间的关系更直接。

（3）箭头两端指标的关系是否符合常规逻辑。例如，常规上，大多数人都可以理解气温越高，雪糕销售量越高，而不是越低。

根据因果模型建立原则，分别构建作业人员安全行为水平、物的安全状态水平、事故应急风险管控水平的因果模型图。图 4.7 为作业人员安全行为水平子系统因果模型。

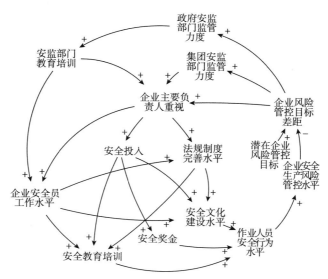

图 4.7　作业人员安全行为水平子系统因果模型

　　由图 4.7 可看出，作业人员安全行为水平主要受安全教育培训、安全奖金、安全文化建设水平、企业安全生产风险管控水平 4 个因素影响。这 4 个指标均为事理指标，也是企业应该做的生产安全工作内容，而这些工作又受企业安全员业务水平和企业主要负责人对生产安全的重视程度影响。同理，人理指标受政府安监部门监管力度影响，而政府安监部门监管力度受作业人员安全行为水平影响。总体上，该回路是个负反馈回路。

　　作业人员安全行为水平子系统因果模型中，部分主要的反馈回路关系举例如下。

　　（1）作业人员安全行为水平↑→企业安全生产风险管控水平↑→企业风险管控目标差距↓→政府安监部门监管力度↑→安监部门教育培训↑→企业主要负责人重视↑→安全投入↑→安全教育培训↑→作业人员安全行为水平↑。

　　（2）作业人员安全行为水平↑→企业安全生产风险管控水平↑→企业风险管控目标差距↓→政府安监部门监管力度↑→安监部门教育培训↑→企业主要负责人重视↑→安全投入↑→安全奖金↑→作业人员安全行为水平↑。

　　（3）作业人员安全行为水平↑→企业安全生产风险管控水平↑→企业风险管控目标差距↓→政府安监部门监管力度↑→安监部门教育培训↑→企业主要负责人重视↑→企业安全员业务水平↑→法规制度完善水平↑→安全文化建设水平↑→作业人员安全行为水平↑。

　　图 4.8 为物的安全状态水平子系统因果模型，其中主要的反馈回路关系举例如下。

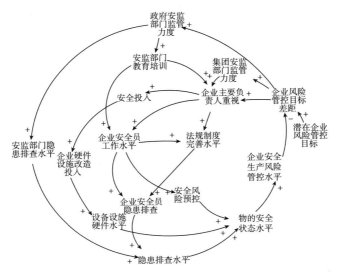

图 4.8　物的安全状态水平子系统因果模型

（1）物的安全状态水平↑→企业安全生产风险管控水平↑→企业风险管控目标差距↓→企业主要负责人重视↑→企业安全员业务水平↑→安全风险预控↑→物的安全状态水平↑。

（2）物的安全状态水平↑→企业安全生产风险管控水平↑→企业风险管控目标差距↓→政府安监部门监管力度↑→安监部门教育培训↑→企业安全员工作水平↑→企业安全隐患排查↑→隐患排查水平↑→物的安全状态水平↑。

（3）物的安全状态水平↑→企业安全生产风险管控水平↑→企业风险管控目标差距↓→政府安监部门监管力度↑→安监部门教育培训↑→企业安全员工作水平↑→安全风险预控↑→物的安全状态水平↑。

（4）物的安全状态水平↑→企业安全生产风险管控水平↑→企业风险管控目标差距↓→政府安监部门监管力度↑→安监部门教育培训↑→企业主要负责人重视↑→企业安全员工作水平↑→安全风险预控↑→物的安全状态水平↑。

（5）物的安全状态水平↑→企业安全生产风险管控水平↑→企业风险管控目标差距↓→政府安监部门监管力度↑→安监部门教育培训↑→企业主要负责人重视↑→安全投入↑→企业硬件设施改造投入↑→设备设施硬件水平↑→物的安全状态水平↑。

图 4.9 为事故应急响应水平子系统因果模型，其中主要的反馈回路关系举例如下。

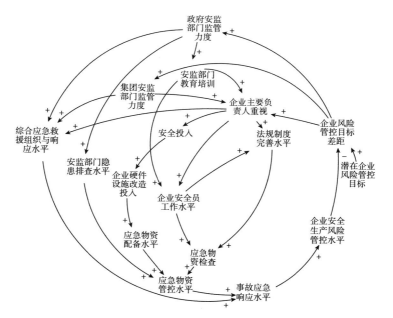

图 4.9　事故应急响应水平子系统因果模型

（1）事故应急响应水平↑→企业安全生产风险管控水平↑→企业风险管控目标差距↓→政府安监部门监管力度↑→安监部门教育培训↑→企业安全员工作水平↑→应急物资检查↑→应急物资管控水平↑→事故应急响应水平↑。

（2）事故应急响应水平↑→企业安全生产风险管控水平↑→企业风险管控目标差距↓→政府安监部门监管力度↑→安监部门教育培训↑→企业主要负责人重视↑→企业安全员工作水平↑→应急物资检查↑→应急物资管控水平↑→事故应急响应水平↑。

（3）事故应急响应水平↑→企业安全生产风险管控水平↑→企业风险管控目标差距↓→政府安监部门监管力度↑→安监部门教育培训↑→企业主要负责人重视↑→安全投入↑→企业硬件设施改造投入↑→应急物资配备水平↑→应急物资管控水平↑→事故应急响应水平↑。

图 4.10 为企业生产安全风险管控系统因果模型，图中共有 128 条因果反馈回路，部分反馈回路关系举例如下。

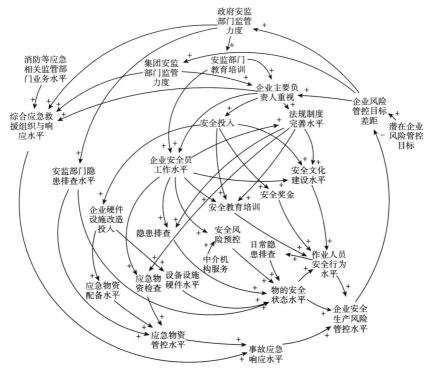

图 4.10　企业生产安全风险管控系统因果模型

（1）企业安全生产风险管控水平↑→企业风险管控目标差距↓→政府安监部门监管力度↑→安监部门教育培训↑→企业主要负责人重视↑→企业安全员工

作水平↑→安全文化建设水平↑→作业人员安全行为水平↑→日常隐患排查↑→物的安全状态水平↑→企业安全生产风险管控水平↑。

（2）企业安全生产风险管控水平↑→企业风险管控目标差距↓→集团安监部门监管力度↑→企业主要负责人重视↑→企业安全员工作水平↑→法规制度完善水平↑→安全文化建设水平↑→作业人员安全行为水平↑→日常隐患排查↑→物的安全状态水平↑→企业安全生产风险管控水平↑。

（3）企业安全生产风险管控水平↑→企业风险管控目标差距↓→政府安监部门监管力度↑→安监部门教育培训↑→企业主要负责人重视↑→企业安全员工作水平↑→法规制度完善水平↑→安全教育培训↑→作业人员安全行为水平↑→日常隐患排查↑→物的安全状态水平↑→企业安全生产风险管控水平↑。

4.5　系统动力学模型构建

根据建立的系统因果模型，分析变量的特性，确定变量类型。模型中的状态变量、决策变量、辅助变量情况，见表4.5。模型中的常数变量，见附录2。

表 4.5　企业生产安全风险管控系统主要变量

变量类型	变量名称	
状态变量 （6个）	设备设施硬件水平	安监部门隐患排查水平
	企业安全员业务水平	应急物资配备水平
	安监应急救援组织与响应水平	企业主要负责人重视程度
决策变量 （8个）	设备设施硬件水平增加	应急物资管控水平增加
	设备设施折旧率	应急物资折旧率
	安监部门隐患排查水平增加	安全员工作水平增加
	应急救援组织与响应水平增加	企业主要负责人重视程度增加
辅助变量 （24个）	企业风险管控目标差距	企业主要负责人重视增长率
	差距率	实际负责人重视提升系数
	政府安监部门监管力度增加	安监部门教育培训增加
	企业安全教育培训	安全投入
	安全奖金	安全文化建设
	作业人员安全行为水平	法规制度完善水平
	企业风险管控水平	企业安全员隐患排查
	物的安全状态水平	企业硬件设施改造投入
	安全风险预控	安监部门隐患排查增加率

续表

变量类型	变量名称	
辅助变量 （24 个）	日常隐患排查	综合应急救援组织与响应水平
	事故应急响应水平	应急物资管控水平
	应急组织与响应增加率	应急物资检查

应用系统动力学软件 Vensim 建立系统流图模型。图 4.11~图 4.13 分别是企业生产安全系统三个子系统的动力学流图模型。模型初始设置时间为 2016~2080 年，仿真步长为一年。数据主要来源于对中央企业生产安全相关领域人员的调查，调查问卷结果见附录 1。应用 Vensim 软件中的系统动力学方程编辑器，对模型变量之间的关系采用方程和系数法进行定义，并建立动力学的方程。系统动力学模型中的变量包括状态变量、决策变量、影子变量、流量变量常量和辅助变量等。状态变量是随时间而变化的积累量，是物质、能量与信息的储存环节，反映了系统的运行情况。

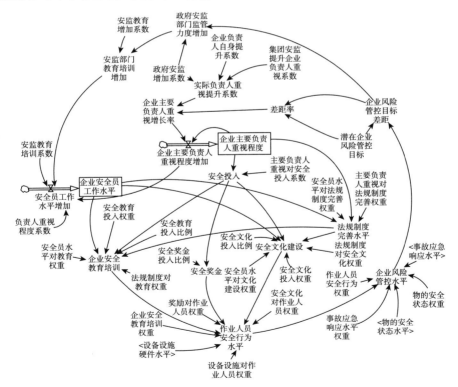

图 4.11　作业人员安全行为水平子系统流图模型

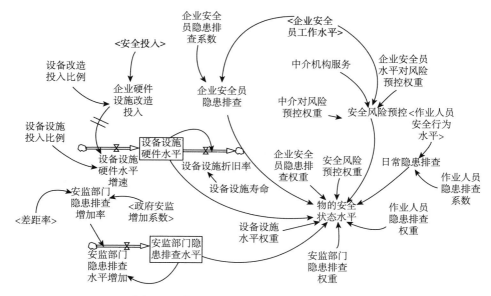

图 4.12 物的安全状态水平子系统流图模型

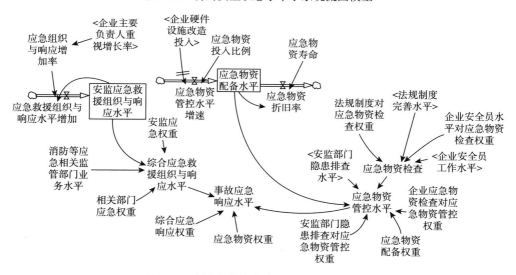

图 4.13 事故应急响应水平子系统流图模型

　　决策变量是模型中反映流率的变量，决策变量的变动影响着状态变量的变化情况。常量是在一次模拟中保持不变或变化甚微的量，常量一般为系统中的局部目标或标准。辅助变量是用来描述决策过程中状态变量和速率变量之间的信息传递和转换过程的中间变量，是分析反馈建构的有效手段。

4.6 模型中变量方程的建立研究

4.6.1 层次分析法求权重步骤

计算模型指标间的相对权重运用层次分析法。层次分析法是一种定性和定量相结合的、系统化的分析方法，具有高度的逻辑性、系统性、简洁性和实用性，特别适用于难以完全用定量进行分析的复杂问题。

1. 构造判断矩阵

引入 1-9 比率标度方法对判断矩阵中的 a_{ij} 进行取值。这种将判断思维数学化的方法简化了问题分析，使安全科学领域问题的定量分析成为可能。判断矩阵的标度及其含义见表 4.6。

根据指标体系结构，通过对某层次中各元素的相对重要性做逐一比较判断，得出各层的判断评分，进而构成两两判断矩阵。

表 4.6 判断矩阵的标度及其含义

标度 a_{ij}	含义
1	i 因素与 j 因素同样重要
3	i 因素比 j 因素稍微重要
5	i 因素比 j 因素明显重要
7	i 因素比 j 因素强烈重要
9	i 因素比 j 因素极端重要
2，4，6，8	i 与 j 因素重要性比较结果处于以上结果中间
倒数	j 因素与 i 因素比较的判断 $a_{ji} = 1/a_{ij}$

2. 层次单排序

层次单排序实质上是求出构造矩阵的最大特征值及特征向量，并确定某一层次因素对上一层次因素的影响程序，依次排出顺序。假定判断矩阵 A 对应于最大特征值 λ_{max} 的特征向量为 W，计算步骤如下。

步骤一：计算判断矩阵各行元素的积 M_i：

$$M_i = \prod_{j=1}^{n} a_{ij} \ (j = 1, 2, \cdots, n) \tag{4.1}$$

步骤二：求各行 M_i 的 n 次方根：

$$P_i = \sqrt[n]{M_i} \qquad\qquad (4.2)$$

步骤三：对 P_i 作归一化处理，即得相应的权数为

$$W_i = \frac{P_i}{\sum P_i}(i = 1, 2, \cdots, n) \qquad\qquad (4.3)$$

则 $W = [W_1, W_2, \cdots, W_n]^{\mathrm{T}}$ 即所求的特征向量。

步骤四：计算判断矩阵的最大特征根 $\lambda_{\max}$：

$$\lambda_{\max} = \sum_{i=1}^{n} \frac{(\boldsymbol{AW})_i}{nW_i} \qquad\qquad (4.4)$$

式中，$(\boldsymbol{AW})_i$ 表示向量 $\boldsymbol{AW}$ 的第 i 个元素。

3. 一致性检验

从理论上分析得到：如果 $\boldsymbol{A}$ 是完全一致的成对比较矩阵，应该有 $a_{ij}a_{jk} = a_{ik}(1 \leqslant i, j, k \leqslant n)$。但实际上在构造成对比较矩阵时，要求满足上述众多等式是不可能的。因此，需要检验比较矩阵的一致性，步骤如下：

$$CI = \frac{\lambda_{\max}(\boldsymbol{A}) - n}{n - 1} \qquad\qquad (4.5)$$

式中，CI 为衡量比较矩阵 $\boldsymbol{A}$ 不一致程度的指标，进而求得随机一致性比率 CR 值：CR=CI/RI，式中，RI 为随机一致性标准值（取值见表 4.7）。

表 4.7　随机一致性标准值

维数	1	2	3	4	5	6	7	8	9
RI	0	0	0.58	0.96	1.12	1.24	1.32	1.41	1.45

当 CR 值小于 0.1 时，一般认为比较矩阵具有满意的一致性；反之，当 CR 值大于 0.1 时，则认为矩阵不具有满意的一致性，就需要重新征求专家的意见，调整判断矩阵直至满足一致性。

本书在研究过程中，共发放调查问卷（见附录 1）100 份，收回有效问卷 94 份。根据每份"企业生产安全指标因素权重调查问卷"构建一套指标权重的判断矩阵，并计算出指标间的权重向量，然后求 94 份权重向量的均值，即可得到系统动力学模型指标的权重向量。对于某些调查问卷计算的权重向量不满足一致性检验的情况，我们进行了多次重复调查，最终保证 94 份问卷的指标权重向量均满足一致性要求。

4.6.2　作业行为子系统变量方程分析

作业人员安全行为水平子模型截图如图 4.14 所示。

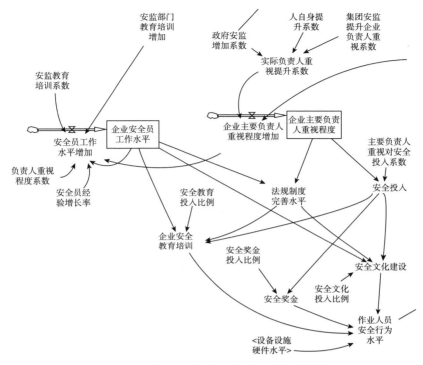

图 4.14　作业人员安全行为水平子模型截图

1. "企业生产安全风险管控水平"影响因素的关系分析

企业生产安全风险管控水平受"作业人员安全行为水平"和"物的安全状态水平"影响，同时与控制事故后果程度的"事故应急响应水平"密切相关。

2. "企业生产安全风险管控水平"影响因素的权重计算

根据附录 1 第三部分的调查表，取 94 份调查问卷结果的平均值，得到判断矩阵。计算"企业生产安全风险管控水平"指标影响因素的权重，结果如表 4.8 所示。

表 4.8　"企业生产安全风险管控水平"影响因素判断矩阵

企业生产安全风险管控水平	作业人员安全行为水平	事故应急响应水平	物的安全状态水平	M_i	P_i	W_i
作业人员安全行为水平	1	5	2	10	2.15	0.58
事故应急响应水平	1/5	1	1/3	1/15	0.41	0.11
物的安全状态水平	1/2	3	1	3/2	1.14	0.31

经计算，该判断矩阵的最大特征值 $\lambda_{max} = 3.004$，CI=0.002，查表 RI=0.580，求得 CR=0.003，小于 0.1，通过一致性检验。因此，所求的指标权重向量为（0.58，0.11，0.31）。

根据指标间关系及权重向量，可建立指标之间的关系方程如下：

企业生产安全风险管控水平=0.58×作业人员安全行为水平+0.11×事故应急响应水平+0.31×物的安全状态水平

3. "作业人员安全行为水平"变量方程分析

由图 4.14 可得，作业人员安全行为水平与企业安全教育培训、安全文化建设、安全奖金、设备设施硬件水平密切相关，同表4.8 "企业生产安全风险管控水平"影响因素权重的计算过程，求得作业人员安全行为企业安全教育培训、安全文化建设、安全奖金、设备设施硬件水平的权重向量是（0.37，0.37，0.10，0.16）。"作业人员安全行为水平"与影响因素之间的关系如下。

（1）企业通过开展安全教育培训、实行安全奖金制度、推进安全文化建设等工作，可以提高作业人员安全行为水平。

（2）企业通过提高设备设施硬件水平可以提高作业人员安全行为水平。设备设施硬件包括操作设备设施、安全防护设备设施、职业危害防护、环境改善设施等多个方面。提高水平既包括提高设备设施的完好程度水平，又包括提高设备设施的自动化程度水平。

（3）四个影响因素中，企业安全教育培训、安全文化建设权重较大，总权重占 74%。因此，应将这两项工作作为提升作业人员安全行为水平的主要手段，尤其是具体的安全教育培训工作。此外，安全奖金的权重是 0.10，表明通过经济奖励的方式提升员工安全行为水平的效用有限，过度地依靠安全奖金作为刺激手段并不会使员工的安全水平持续增长。

4. "企业安全教育培训"与影响因素的关系分析

企业安全教育培训与企业安全员能力、安全教育培训投入、教育制度完善程度密切相关，同前面计算过程，求得企业安全员能力、安全教育培训投入、教育制度完善程度的权重向量是（0.26，0.64，0.10），指标因素之间的关系如下。

（1）安全员是企业教育培训的主体，培训效果与安全员的业务能力密切相关。

（2）提高企业安全教育培训水平，需要安全资金投入的保障。安全教育培训投入包括聘请专业讲师、安排培训场地、购买教学实训设施、对优秀学员进行奖励等方面的费用。安全教育比例系数指的是"企业安全教育培训"的分值与"安全投入"分值的比例，而不是投入的百分比数值。安全教育培训投入权重占64%，在安全管理工作中应被作为重点。

（3）完善企业教育培训方面的规章制度，有利于保障该项工作长期有序地开展。例如，企业规定每人每年必须接受不少于 24 学时的安全培训，为员工培训提供了时间方面的保障。

5. "企业主要负责人重视程度"方程分析

如图 4.14 所示，企业主要负责人重视程度是状态变量，是流速变量重视程度增加或减少的累积量。根据调查问卷分析，当前中央企业主要负责人重视程度的平均分值是 80，因此，设变量的初值是 80，则有方程如下：

企业主要负责人重视程度=INTEG（企业主要负责人重视程度增加，80）

以同样方法计算其他指标间的权重，得到作业人员安全行为水平子系统的指标权重，如表 4.9 所示。分析作业人员安全行为水平子系统的指标变量方程，结果见附录 2。

表 4.9　作业人员安全行为水平子系统的指标权重

考察指标	影响因素指标	权重	考察指标	影响因素指标	权重
作业人员安全行为水平	安全文化	0.37	企业安全员能力水平	安全员经验	0.08
	安全奖金	0.10		安监部门教育培训	0.19
	设备设施水平	0.16		主要负责人的重视	0.73
企业安全教育培训	企业安全员能力	0.26	提升主要负责人重视程度	政府安监部门力度	0.07
	安全教育培训投入	0.64		集团安监部门力度	0.28
	教育制度完善程度	0.10		企业负责人自我提升意识	0.65
企业安全文化建设水平	企业安全员能力	0.19	企业安全法规制度完善程度	企业安全员能力	0.1
	文化建设投入水平	0.73		企业主要负责人重视程度	0.9
	文化建设完善程度	0.08			
	安全教育	0.37			

4.6.3　物的安全状态子系统方程分析

1. "设备设施硬件水平"与影响因素的关系分析

设备设施硬件水平的积累过程存在延时滞后特性，流图模型如图 4.15 所示。

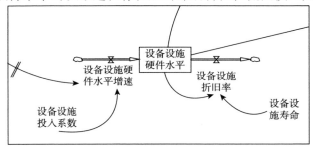

图 4.15　设备设施硬件水平流图模型

由图 4.15 可看出，设备设施硬件水平是状态变量，设备设施硬件水平增速和设备设施折旧率分别是流入和流出速率。设备设施硬件水平增速由企业硬件设施改造投入和设备设施投入系数决定。设定硬件设备设施交付使用率是 0.75，投资的延迟时间为 3 年，设备设施硬件水平增速的公式如下：设备设施硬件水平增速=DELAY3I（企业硬件设施改造投入×设备设施投入系数，3，0.75）；估测设备设施寿命为 10 年，则有：设备设施折旧率=设备设施硬件水平/设备设施寿命，则有：设备设施硬件水平=INTEG（设备设施硬件水平增速−设备设施折旧率，60）。其他物的安全状态子系统变量公式见附录 2。

2. 物的安全状态子系统指标权重

物的安全状态子系统的指标权重如表 4.10 所示。分析物的安全状态子系统的指标变量方程，结果见附录 2。

表 4.10　物的安全状态子系统的指标权重

考察指标	影响因素指标	权重
物的安全状态水平	设备设施硬件水平	0.52
	政府安监部门隐患排查	0.03
	企业安全员的隐患排查	0.06
	安全风险预控工作	0.24
	班组的日常隐患排查	0.15

4.6.4　事故应急响应子系统方程分析

事故应急响应子系统的指标权重如表 4.11 所示，分析事故应急响应子系统的指标变量方程，结果见附录 2。

表 4.11　事故应急响应子系统的指标权重

考察指标	影响因素指标	权重	考察指标	影响因素指标	权重
应急物资管控水平	应急物资配备水平	0.24	企业对应急物资检查	企业安全员能力	0.5
	安监部门对应急物资的隐患排查	0.09		企业法规制度	0.5
	企业对应急物资的隐患排查	0.67	企业政府综合应急救援组织与响应水平	政府安监和企业应急响应	0.83
事故应急水平	应急物资管控水平	0.12		消防、卫生等应急响应	0.17
	企业政府综合应急救援组织与响应水平	0.88			

4.7　模型验证

根据附录 1 第四部分的调查问卷，求 94 份有效调查问卷的指标平均值，得到指标平均分值。将模型中状态变量的初值设定为调查所得的平均分值，如表 4.12 所示。

表 4.12　部分指标调查分值及误差分析表

序号	指标	平均分值	模拟分值	误差率
1	企业生产安全风险管控水平的分数	80	78	3%
2	企业安全法规制度完善程度的分数	87	80	8%
3	企业安全文化建设水平的分数	74	76.54	3%
4	企业安全教育水平的分数	79	78.73	0
5	企业安全奖金工作的分数	65	64.8	0
6	企业安全投入的充足程度的分数	81	80	1%
7	企业安全员的能力水平的分数	81	设定 81	
8	企业生产安全主要负责人对安全的重视程度的分数	80	设定 80	
9	设备设施硬件水平的分数	81	设定 81	
10	政府安监部门隐患排查水平的分数	78	设定 78	
11	企业安全员的隐患排查的分数	82	81	1%
12	安全风险预控工作的分数	80	80.3	0
13	班组的日常隐患排查的分数	79	76.89	2%
14	政府安监和企业应急响应的分数	80	设定 80	
15	企业应急物资配备水平的分数	81	设定 81	
16	物的安全状态水平	82	80.13	2%
17	事故应急响应水平	78	80.05	3%

将该分值与模拟分值进行对比，计算指标模拟误差率。由表 4.12 可得，所考察的企业生产安全风险管控水平的分数、企业安全法规制度完善程度的分数、企

业安全文化建设水平的分数、企业安全投入的充足程度的分数等 8 个指标中，有 7 个指标的误差率低于 5%，证明模型拟合良好，精度可靠。

4.8　本　章　小　结

　　本章通过建立企业生产安全风险管控系统的人理、物理和事理指标体系，基于生产安全系统特性，建立了系统结构模型。基于指标间的因果逻辑关系，建立了作业人员安全行为子系统因果模型、物的安全状态子系统因果模型和事故应急响应水平子系统因果模型；基于指标因素的状态属性，建立了企业生产安全风险管控的系统因果模型；基于指标间的定量关系，建立了作业人员安全行为水平子系统流图模型、物的安全状态水平子系统流图模型和事故应急响应水平子系统流图模型，最后对模型进行了模拟误差率分析，验证了模型的有效性，为进一步针对大型企业的安全风险管理进行仿真分析奠定了基础。

第5章　企业安全风险管控系统动力学模型的仿真分析

为了在关系复杂的指标体系中找到重要的干预指标，对已建立的企业生产安全风险管控系统动力学模型进行仿真分析。本章将对初始模型进行基本模拟分析、单项干预方案模拟分析和多项干预方案的模拟分析，并分析调整指标的敏感程度，选出可以起到事半功倍效果的干预指标，从而制订安全风险干预方案，提高生产安全监管的效率。

5.1　基本模拟分析

企业安全风险管控系统动力学模型的基本模拟是按照现有参数进行分析，旨在全面地考察模型的动态特性和发展趋势，将模拟时间设定为 2016~2080 年。系统的模拟结果如图 5.1~图 5.3 所示。

根据调查问卷结果设置参数，企业安全风险管控系统动力学模型主要指标的基本模拟结果如图 5.4 所示。

由图 5.4 可知，所观察的四个指标中，企业风险管控水平是结果指标，处于图形的上方。事故应急响应水平指标、作业人员安全行为水平指标和物的安全状态水平指标是原因指标，处于图形下方。为了考察到系统长期的动态特性，指标的观察期间为 2016~2080 年。长期观察，四个指标均呈现波动状态，并收敛于某一特定数值。指标的波动特性与结构模型假设一致，证明模型整体结构准确。

基本模拟的潜在企业风险管控水平的初值是 78，目标设定为 85，指标波动式趋向 84 收敛。物的安全状态水平呈波动式增长，而事故应急响应水平和作业人员安全行为水平呈波动式下降并收敛。这是因为当企业风险管控水平设定目标与初

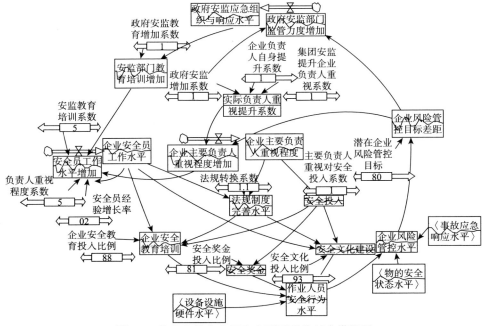

图 5.1　作业人员安全行为水平子系统基本模拟图

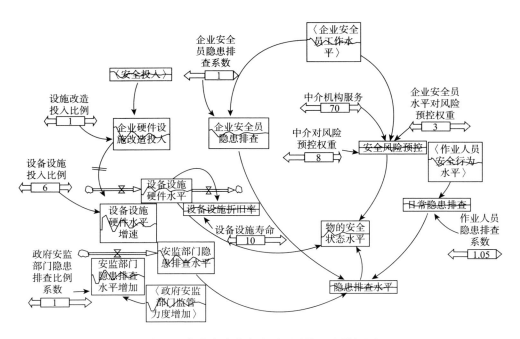

图 5.2　物的安全状态水平子系统基本模拟图

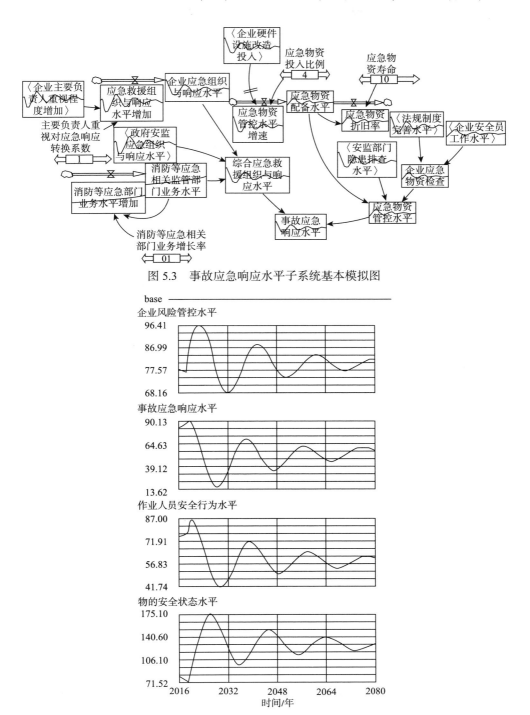

图 5.3　事故应急响应水平子系统基本模拟图

图 5.4　企业安全风险管控系统动力学模型主要指标的基本模拟结果

值相差不大时，随着物的安全状态水平增高，系统趋向于潜在目标值，企业主要负责人过于乐观地估计生产安全形势，对安全风险的重视程度减弱，长期观察，事故应急响应水平和作业人员安全行为水平呈下降趋势。

5.2　干预方案仿真研究

通过对企业安全风险管控系统的建模研究，可知系统涉及的指标因素数量大，指标间关系错综复杂。通过对模型的仿真分析，可得出随着某一指标的调整，系统变量的变化趋势及效果，进而有针对性地制订安全监管方案。仿真模拟时间长度为2016~2080年，设计的干预监管方案如表5.1所示。

表5.1　单项安全监管干预方案设计

指标类别	干预方案指标	基础值	干预方案设定值	仿真模型
潜在目标	潜在的企业风险管控目标	83	91	base1
安全隐患排查	政府安监部门隐患排查系数	1	1.5	base2
	企业安全员隐患排查系数	1	1.5	base3
	作业人员隐患排查系数	1	1.5	base4
安全教育培训	政府安监教育增加系数	1	1.5	base5
	企业安全教育投入比例	0.88	1.5	base6
安全投入	主要负责人重视对安全投入系数	1	1.5	base7
安全文化建设	安全文化投入比例	0.91	1.5	base8
安全奖金	安全奖金投入比例系数	0.81	1.2	base9
应急组织与响应	主要负责人重视对应急响应转换系数	1	1.5	base10
	应急物资投入比例系数	0.4	0.6	base11

企业生产安全系统指标包括人理指标、物理指标和事理指标。生产安全监管的具体工作是事理指标，这也是可以干预的变量。表5.1中，选作干预方案的指标均是事理指标。由于系数是可调整的变量，故将事理指标的系数变量作为干预指标。基础值设定为2016年中央企业生产安全现状的数值，通过调查问卷及模型分析确定。干预方案设定值是将基础值乘以1.5倍系数后得到的数值。根据干预方案，对模型进行模拟运行，得出的结果如图5.5~图5.8所示。

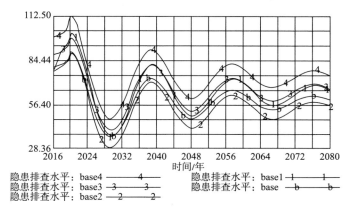

图 5.5　base1~base4 干预隐患排查水平模拟图

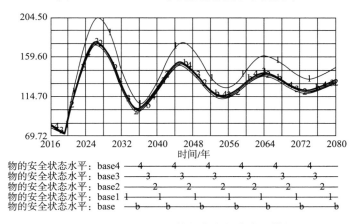

图 5.6　base1~base4 干预物的安全状态水平模拟图

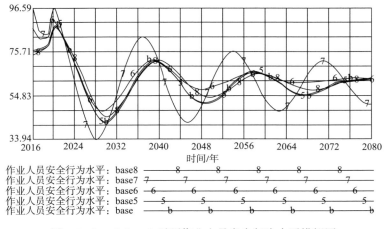

图 5.7　base5~base8 干预作业人员安全行为水平模拟图

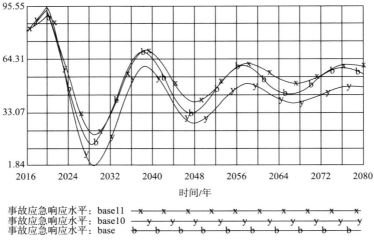

图 5.8   base10~base11 干预事故应急响应水平模拟图

由图 5.5 可得，应用建立的企业生产安全系统动力学模型，对 base1~base4 干预方案进行模拟运行，base4 方案的隐患排查水平最佳。这表明作业人员对设备设施的日常隐患排查比政府安监部门的隐患排查和企业安全员的隐患排查都重要。在实际工作中，企业不应过度依赖专家的企业隐患排查来提高安全管理水平，而应特别注重现场操作人员隐患排查水平的提升。

由图 5.6 可得，对 base1~base4 干预方案进行模拟运行，base1 方案对物的安全状态水平作用最大。base4 方案是提高潜在的企业风险管控目标，当潜在的企业风险管控目标高于当前生产安全水平时，企业主要负责人、集团安监领导、政府安监部门领导会加大安全监管力度；反之，当潜在的企业风险管控目标低于当前生产安全水平时，各个主导部门容易产生放松、懈怠的心理，进而忽视生产安全工作。

由图 5.7 和图 5.8 可看出，base8 效果最好，应增加安全文化投入比例来提升作业人员的安全行为水平。对 base10~base11 干预方案进行模拟运行，base10 方案对事故应急响应水平作用最大。base10 方案是主要负责人重视程度对应急响应的转换系数。

为了有效管控大型企业的生产安全风险，各相关主体可以选择不同的安全对策方案。例如，安全投入的多少、教育培训的频次、安全文化建设的开展深度、设备设施的改造范围、隐患排查力度等对策措施。根据单项干预方案的仿真结果分析可知，潜在的企业风险管控目标、作业人员隐患排查系数、安全文化投入比例系数和主要负责人重视安全投入系数较为重要。表 5.2 设计了以上四项干预方案的组合方案，以便得到最佳的生产安全风险管控效果。

表 5.2　多项安全监管干预方案设计

模型中指标	基础值	调整后数值	仿真模型
潜在的企业风险管控目标	83	91	
作业人员隐患排查系数	1	1.5	
安全文化投入比例系数	0.93	1.5	current
主要负责人重视安全投入系数	1	1.5	

　　根据表 5.2 设计的方案,应用模型进行模拟运行,得到的结果如图 5.9 所示。

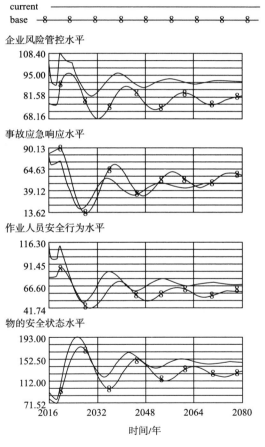

图 5.9　多项干预组合方案模拟图

　　由图 5.9 可知,企业风险管控水平、作业人员安全行为水平和物的安全状态水平在多项干预方案的作用下,均优于基本模型的状态水平,事故应急响应水平与干预方案实施前持平,总体干预效果良好。

5.3 仿真结果分析

根据建立的生产安全风险管控系统动力学模型进行仿真研究，可得到以下 4 点认识。

（1）所建立的模型能够预测生产安全系统各指标的变化趋势，呈波动状态并收敛于某一分值。

（2）根据单项干预方案的模型仿真结果，潜在的企业风险管控目标、作业人员隐患排查系数、安全文化投入比例系数和主要负责人重视安全投入系数敏感性较高，应作为多项干预方案的备选指标。

（3）根据多项干预方案模型仿真结果，企业生产安全水平管控的效果良好。

（4）潜在的企业风险管控目标是领导层对生产安全管控认识的具体体现，应予以重视。企业主要负责人重视安全投入系数和安全文化投入比例系数均属于生产安全资金投入方面，在实际工作中，企业应严格按照相关规定落实安全投入工作。作业人员隐患排查也是重要干预手段，应通过教育培训、安全知识交流等方式动员全体员工全时段地开展隐患辨识、整改工作。

5.4 本 章 小 结

本章根据当前中央企业生产安全数据模型，对初始模型进行了基本模拟研究，模拟结果显示了指标变量短期和长期的变化规律。根据制订的单项干预方案，对模型进行了模拟研究，结果表明潜在的企业风险管控目标、作业人员隐患排查系数、安全文化投入比例系数和主要负责人重视安全投入系数四项指标的调整以及对生产安全水平提高的敏感性效果较好。通过多项干预方案的模拟研究，证明多项干预组合方案效果更好。

第 6 章　基于 WSR 方法论的安全风险管控模式研究

第 5 章利用系统动力学的方法，通过调查问卷与仿真模拟，研究了生产系统中物理、事理、人理层面的风险因素对企业生产安全的影响，结果表明，三个层面的安全风险均是企业安全管理的重要方向。本章将在此基础上，分析生产安全风险管控模式的内涵及其构建原则，然后针对我国大型企业的特点，设计出基于 WSR 方法论的安全风险管控模式，同时给出该模式的实施流程与应用平台。研究结果对优化企业的安全管理系统、提高企业的安全风险管控水平具有重要意义。

6.1　生产安全风险管控模式的内涵

6.1.1　管控模式的定义

管控模式的概念主要用于企业管理方面，是指企业集团对下属企业或子公司基于集分权程度不同而形成的管理与控制策略[141]。管控模式主要体现在管理控制的内容和程度上，一般与集团公司的功能定位相匹配，包括财务管控型、战略管控型、操作管控型等。

安全管理模式主要是指企业自身或政府部门对于生产过程中出现的危险因素进行管理的组织形式或行为决策方式。它是企业的安全管理经验、理论与工作实践相结合的产物，是企业不断提高工作业绩、实现持续发展的必需条件。从系统的角度考虑，安全管理模式也是优化的企业安全管理系统，建设安全管理模式的过程就是优化安全管理系统的过程。安全管理模式涉及企业的多个方面，与国家的国情、文化、安全监督机制以及企业自身的行业和生产特点均有关[142]。世界各国及其企业都对生产安全非常重视，但是由于相关因素及管理侧重不同，一般安全管理模式的差异也较大。安全风险管控模式是企业管理模式的一种，重点强调对生产过程中的风险因素进行管控，预防事故的发生。企业的生产安全风险管控模式是实现安全生产的重要途径。

6.1.2　现代安全管理模式的特征

国内外大型企业都在不断发展自身的安全管理模式。通过对优秀企业安全管理模式进行总结分析，可得到现代安全管理模式，其主要包括以下内容。

1. 明确清晰的安全目标

安全目标是实施一切安全管理活动的方向。拥有现代安全管理模式的企业一般都有适合自身且明确清晰的安全目标，对安全高度予以重视并将其融入企业生产的全过程之中。

例如，美国通用电气公司追求卓越的 HSE 绩效，具有非常具体的安全管理目标。对于全体职工的安全与健康，企业总裁给出了压倒一切的安全承诺。公司总部乃至全球所有工厂的各个部门，均将安全业绩与生产业绩一起作为工作考核的指标，并严格贯彻执行。企业各项安全方针和目标的制定围绕企业自身的特点和要求，采用先进的管理方法对其进行量化，并按照 21 个要素的细节方案实施。这使得该企业的安全管理模式一直被国外其他企业所借鉴。

2. 先进的安全管理理念

有正确、先进的安全理念作为指引，才能保证安全管理模式的不断改进与运行。现代的安全管理模式以系统管理理念为基础，这主要体现在以下几个层面：①以"一切事故都是可以预防的"为基本安全理念，不仅追求零伤害、零事故，而且追求零风险，如杜邦安全理念、神华集团的未遂管理理念等。②以整个生产系统为中心，强调人、机、环、管整个系统的最优化，而不是单一方面的最优化。③以企业人员为中心，全员参与生产安全建设，分解安全责任，规范其行为，预防人的因素导致的事故。

3. 科学、合理的组织形式

拥有适合自身的企业组织结构是现代安全管理模式的另一个特征[143]。现代管理模式中的组织结构对企业具有较强的垂直作用和水平影响。垂直作用主要体现在企业的内部控制上，而水平影响主要体现在企业的横向管理细节上。企业不同的岗位有相应的管理制度和工作方法。这些制度和方法具有的内部控制能力，是组织结构进行纵向各级安全检查和监督，并使整个安全管理成为一个整体的方法。内部控制能力越突出的管理模式中，安全管理部门在整个组织结构中的作用越明显。安全管理在平行级别的部门中的作用，反映了管理模式的水平影响。水平影响越强，部门间或员工间的安全沟通越有效。

例如，杜邦安全管理模式中的直线型组织结构，从企业高层到厂长、从生产管理层到一线员工，都对安全直接负责。这种自上而下的安全直线组织明确了生产过程中的安全职责，为全员的安全参与提供了有力保障。神华集团的组织结构中，还额外设立了"安健环"代表。这个附属职位主要负责关于企业安全、健康和环境方面的标准检查和上报，进一步完善了安全管理的组织结构。

4. 良好的安全文化氛围

安全文化建设是现代安全管理模式的重要方面。良好的安全文化氛围，对全员参与安全管理能够起到关键性作用[144]。安全目标是企业安全管理的导向和动力，而安全文化是企业安全管理发展到一定阶段的必然结果。只有通过文化的形式，才能培养企业工作人员的安全知识、安全意识和安全习惯。

例如，杜邦的安全管理模式就以其良好的安全文化建设著称。该企业的管理模式分别经历了自然本能反应、依赖严格的监督、独立自主管理和互助团队管理的发展阶段，这一演变过程也反映了企业安全文化建设的发展过程。神华集团和摩托罗拉集团也提倡发展安全文化，强调以人为本，将员工的发展作为企业宝贵的财富，同时建设了全员参与的安全文化氛围。

5. 闭环的管理运行模式

现代安全管理模式均遵循 PDCA 原理，采用闭环运行模式[145]。只要企业存在，生产活动就会持续进行，而由于生产系统的复杂性，危险因素也会伴随生产过程出现。只有通过闭环控制，事故的根本原因才能被不断识别和纠正，进而避免当前或潜在的安全风险出现，最终达到控制事故或损失的目的。这不仅是企业生产安全管理的要求，也是企业不断持续改进的必需。

国内外企业的安全管理模式均以预防事故发生、保障企业员工安全健康为目标[146~148]。我国提出"安全第一、预防为主、综合治理"基本方针，旨在引领企业生产安全的管理方向。而企业的生产安全风险管控，针对的是风险因素，进一步细化、具体了安全管理工作，其目标也更加具体。

安全风险管控的目标，是优化安全管理系统，利用现有的技术经济条件，使生产系统发生的事故损失率低于当代可接受的水平，并使企业具有相对较高的工作效率、较安全的作业环境。目标强调对生产过程中各方面的风险控制，注重对事故及危险的预防，尤其是对重特大事故的遏制。最高目标是实现企业生产安全的零风险管理。

6.2 安全风险管控模式构建原则

对于生产安全风险的管控模式，我国大型企业与国外优秀企业相比，既有相同点也有不同点。相同点主要有：①国家的安全生产法律体系架构都较为完整，这使得企业的安全规章制度较为完善。②企业均设置了安全管理机构及专职安全员，负责企业的生产安全。③企业均从系统角度出发，从多方面对生产事故进行预防。④为寻找解决生产安全风险管控的方法和途径，一些大型企业学习并引进了国外的安全管理体系，这对促进企业科学安全理念的建立和安全管理水平的提升发挥了积极的作用。

然而对于生产安全风险的管控，我国企业与国外优秀企业仍存在较大的差距，主要表现在：①结合企业自身发展要求的管理模式创新不足，引进的安全管理体系出现了不少"体系和管理两张皮""水土不服"的问题。②国外优秀企业为了商业的可持续发展，进行安全风险管控，而国内企业多是口号重于实践，并没有将完善的管理模式落到实处。③国外企业在生产设备机械化水平和自动化程度较高的条件下，仍重视设备安全风险管控；而国内企业对于安全设施的投入与国外企业存在较大差距。④国外企业对员工的教育培训具有完备的教学系统，而国内存在较大欠缺，这导致了国外企业的员工安全意识和综合素质优于国内人员[144]。⑤国外企业的安全风险管控具有较为翔实的实施细则，在较好安全文化、安全奖惩机制引导下，能够得到贯彻和落实；而国内企业的安全风险管控机制大多停留于纸面，在没有科学管理方法的情况下，难以实施推进。

针对我国大型企业与国外优秀企业在安全风险管控模式上存在的差距，以及其他方面的诸多不足，本书提出适合我国企业自身发展的管控模式构建原则，主要包括以下几个方面。

1. 处理好与传统安全风险管控模式的关系

现代安全管理模式应基于已有的传统安全风险管控模式，既有继承发展也有创新改革。为提升生产系统的安全风险管控效果，必须认真总结传统安全风险管控模式的经验及有益成分。对于适合企业自身发展的方面均应保留，而对于存在较大缺陷的部分应予以修改、补充和完善，并将具有针对性的管控方法应用到运行过程之中。

2. 采用符合中国文化特色的管理模式

我国企业的生产安全风险管控模式借鉴国外较多，创新方面明显不足，面对一些新问题，通常找不到新的解决办法。这很大程度上是中国文化与国外不同导致的。中国的文化具有鲜明的特色，这对企业的安全风险管控效果有较大影响，可导致企业人员在风险管控方面的执行力不强、变通性较大等。WSR 方法论正是针对东方文化特点总结而成的系统方法论。将该方法论应用于我国企业安全风险管控模式研究，有助于进一步加强企业的安全管理。

3. 对具有耦合作用的风险因素进行综合管控

企业生产系统中的风险因素大多是相互关联、相互耦合的。这些风险因素通过耦合作用，进一步扩大生产安全风险，并在一定条件下导致事故的发生。企业的安全风险管控是一个复杂的系统工程，而高效的安全风险管控模式，强调从系统角度出发，进行全面、综合管理。

4. 注重所建模式的实用性和可操作性

实用性、可操作性是企业安全风险管控模式能够顺利实施并推广的重要保障。不结合企业自身的实际情况，照搬其他企业的管理模式或缺乏创新性地制定模式，很难在实施过程中起到良好的作用。实用性是指模式所提供的管理技术对企业有关工作具有针对性，能产生显著的效果。可操作性是指企业的管理人员和现场作业人员在通过适当的培训后，会用安全风险管理模式中的管理技术解决实际问题。

6.3　基于 WSR 方法论的安全风险管控模式设计

6.3.1　安全风险管控目标

安全风险管控目标，是企业在生产过程中实施安全管理活动的导向和动力。安全风险管控模式的设计，需要明确的安全方针和管控目标。基于 WSR 方法论的企业安全风险管控的目标是，实现企业生产系统的"四化"管理，即物理本质安全化、事理运行科学化、人理决策最优化和行为规范化，进而不断追求并实现企业的零风险，见图 6.1。

企业的生产安全风险管理工作涉及物理、事理和人理层面的各个因素。任何一个层面出现风险因素，均可导致生产系统事故的出现。多个风险因素的耦合作用，还可导致重特大事故的发生。因此，基于 WSR 方法论对企业生产系统实施

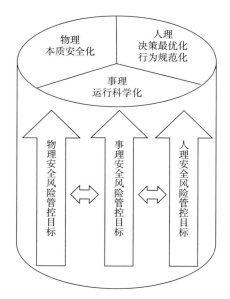

图 6.1　基于 WSR 方法论的生产安全风险管控目标

"四化"管理，不仅是实现有效遏制重大事故发生的重要举措，也是追求企业生产过程零风险的必经之路。

6.3.2　生产安全风险管理理念

基于 WSR 方法论的大型企业生产安全风险管控模式，不仅强调以企业生产过程中"人"的因素为中心，而且重视"物"的因素和安全统筹因素，将生产系统看作一个整体来进行安全风险的管控，综合预防人的因素、物的因素和管理因素在耦合作用下导致人员伤害或财产损失。

管理理念是安全工作的指导思想，也是良好企业文化建设的基础。安全理念与安全意识、安全行为具有重要的关系。一般地，安全理念决定安全意识，安全意识反映安全理念；而安全意识决定安全行为，安全行为是安全意识的贯彻与执行。企业员工只有将安全理念熟记于心，内化到心灵深处，才能将其转化为安全意识，进而转化为安全行为。

生产安全风险管理，最重要的是辨识并消除企业中的风险因素。基于 WSR 方法论的大型企业安全风险管控模式，采用三级管理理念，见图 6.2。该管控模式以"一切事故都是可以预防的"为最基本的安全管理理念，将"零风险才能零事故"作为企业安全管理工作的执行理念，将"安全创造效益"作为企业的最高安全理念，不断追求企业的零风险管理，实现生产系统整体最优化，逐渐趋于整个企业的本质安全。

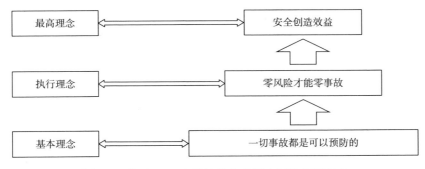

图 6.2　基于 WSR 方法论的生产安全风险管理理念

　　制定安全理念并不是安全管理工作的最终目的，重要的是将安全理念深入人心，并转化为指导人们安全行为的思想意识。三级管理理念从内部宣传、培训教育、奖惩激励和日常考核四个方面进行贯彻、执行管理。内部宣传主要通过安全标语、文化标识设计等形式实现，培训教育主要通过讲课、现场演练等途径实现，奖惩激励主要通过物质奖励、精神奖励、批评警告、罚款或开除等形式实现。最后通过日常考核，加强管理理念的贯彻落实，实现闭环管理。

6.3.3　企业组织结构的优化

　　企业的安全管理组织结构（简称组织结构），就是企业设置的安全管理部门、配备的专职或兼职安全管理人员以及所涉及人员的职权分配、素质要求等。组织结构也被称为机构设置或组织保障，每个单位的组织结构根据组织业务及性质不同也各有区别[149]。《中华人民共和国安全生产法》和《安全生产许可证条例》均规定了安全管理机构设置，并规定了企业负责人、安全管理人员、特种作业人员等的职责和权利、任职资格、知识素质要求等。例如，《中华人民共和国安全生产法》第二十一条明确规定：矿山、金属冶炼、建筑施工、道路运输单位和危险物品的生产、经营、储存单位，应当设置安全生产管理机构或者配备专职安全生产管理人员。《安全生产许可证条例》第六条规定：企业取得安全生产许可证，应当具备十三项安全生产条件，其中主要负责人和安全生产管理人员应经考核合格；特种作业人员应经有关业务主管部门考核合格，取得特种作业操作资格证书。

　　企业安全生产的管理网络是安全风险管控的基础，其结构见图 6.3。企业所设的安全生产管理委员会（简称安委会）由主任、副主任、成员组成。其中主任为企业的主要负责人；副主任为企业的总经理或副总经理；成员为各职能部门或分厂的"一把手"。安委会下设的办公室是企业的安全管理部门，一般称为安全监察部、环境安全管理部或安技环保部等，由安全总监、专职安全管理人员组成。每个职能部门或分厂相当于企业安委会的二级分会，该分会的主任、副主任分别为该部门或分厂的领导或负责人，成员为班长或组长。各车间、班组或任务小组为企业安委会的三级分会，班长、组长为主任，成员为现场作业人员。整个企业建立"党政同责、一岗双责、齐抓共管"的安全生产责任体系：安委会主任作为企业的"一把手"和决策者，对安全风险管控工作负总责，二、三级分会主任对本部门的安全风险管控工作负责。此外，管理网络从物理、事理、人理三个层面展开安全风险辨识和评估、方案制订、措施落实、考核评审等工作，强调并实现安全风险因素的系统控制与全员参与。

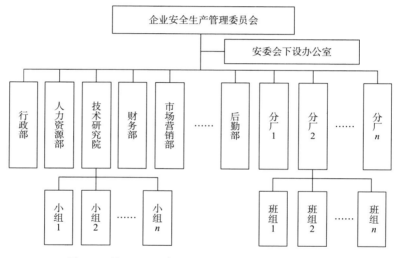

图 6.3　基于 WSR 方法论的企业安全管理机构设置

根据《中华人民共和国安全生产法》第五条，生产经营单位的主要负责人对本单位的安全生产工作全面负责，而这个总责一般通过安全副总经理、安全部门领导的安全业务直线来实现。安全业务线表明，针对企业安全生产状况，各个下级机构的安全部向集团的安全部门汇报，集团安全部向安全副总经理汇报，安全副总经理再向总经理或董事长汇报。

一般地，安全副总经理领导下的集团安全部对生产系统的所有安全事项负责，并进行监管。这就导致下设的事业部、分公司或子公司的安全部门也对生产安全进行整体管理。虽然在整个安全业务线上，安全工作进行了细分，但是根据安全管理人员对风险管理的认识，或仅侧重"人"的因素，或仅侧重"管理"的因素，这就导致当前生产安全的风险管控难于避免疏漏。根据第 4 章和第 5 章的研究结果，生产系统的物理因素、事理因素、人理因素均是导致安全风险产生的重要源头。然而，企业的组织结构未对这三个方面采取针对性的研究与监管，这

将导致生产系统的风险因素管理是无秩序且盲目的，并不能有效保证安全生产的
顺利进行。因此，基于 WSR 方法论的管控模式，对集团的安全部门增设物理、
事理、人理三个分部，分别负责物的安全状态演化机理、安全管理事项的运行机
理、人的决策与行为机理三个方面的研究与监管，制定合理的应对措施，排查相
关的风险因素。

　　根据以上分析，对于大型企业安全业务直线的人员安排，也应按照 WSR 方
法论的物理、事理和人理的安全风险管控进行分类设置，如图 6.4 所示。

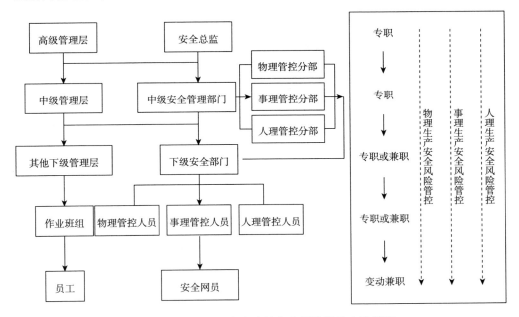

图 6.4　基于 WSR 方法论的安全风险管控人员设置

　　图 6.4 中，高级管理层中的安全总监，相当于集团的安全副总经理，对中级
安全管理部门进行直接管理。这两个中、高级管理层必须以专职安全管理人员来
任职，负责整个企业生产系统的安全风险管控工作，主要内容包括研究、组织、
建立物理、事理、人理三个方面的风险排查与监管体系，并使其在整个企业内得
到良好执行，并进行或组织闭环审核。下级安全部门建议任用专职安全管理人员
负责相关工作，对于风险较低的单位可适当降低要求，任用可以胜任工作的兼职
安全人员。对于作业班组，任用专职或兼职人员，而一线员工中，也应设置安全
网员管理作业过程中的风险因素。其中，下级安全部门也应设置物理、事理、人
理三个方面的安全人员专门负责相关管理工作，使这三个方面的安全风险管控工
作能够得到全面的贯彻和执行。

6.3.4　安全风险管控模式的建立

根据以上 WSR 方法论与企业安全风险管理相结合的研究结果，建立基于 WSR 方法论的大型企业生产安全风险管控模式，见图 6.5。

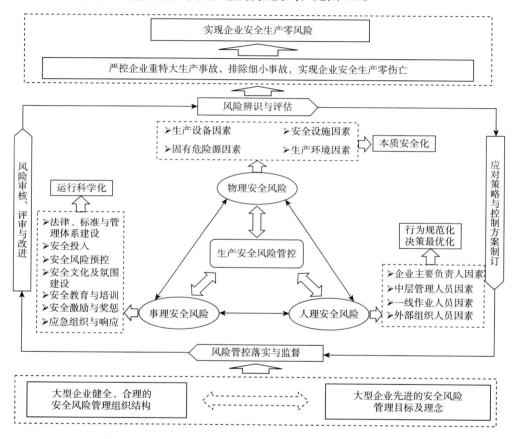

图 6.5　基于 WSR 方法论的大型企业生产安全风险管控模式

该模式认为，企业的安全生产管理网络是风险管控的硬件基础，而安全理念及安全文化是风险管控的软件基础。只有硬件运行有效、软件先进良好，才能保证安全管理体系的有效运行，进而保障生产系统不断趋于零风险。根据 WSR 方法论的内容，将生产系统中的安全风险分为物理、事理、人理三个层面。物理是指系统中涉及物质运动的机理，其风险因素主要包括生产设备、生产环境、固有危险源和安全防护设施。若企业中生产设备可靠性差、作业环境恶劣、危险化学品和辐射源多、安全防护设施不完善，一般则认为物理安全风险较大。事理是指安全事项的运行机理，其风险因素主要包括法律法规、安全责任及管理体系建设，安全投入，安全风险预控，安全文化建设，安全教育与培训，安全激励与奖惩，应急组织与响应。管理体系不健全、安全投入不合理、安全教育不到位等均将增加企业的事理安全风险。人理是指人的决策与行为机理，其安全风险主要是指影响企业内、外部组织人员安全决策或行为的内在特质因素。企业内部组织人员包括企业负责人、管理人员及作业人员；外部组织人员一般指政府监管部门、安全生产服务中介、设计部门、消防部门等。企业所涉人员的安全素养不高、安全意识薄弱、安全知识不足等均是增加人理安全风险的重要原因。

风险因素按照企业项目管理中的 Plan（计划）、Do（执行）、Check（检查）和 Action（行动）实施程序进行风险因素排查，见图 6.6。PDCA 实施程序对应的风险因素排查流程，主要包括风险辨识与评估、应对策略与控制方案制订、风险管控落实与监督、风险审核评审与改进四个闭环控制步骤。通过对风险因素的持续闭环控制，实现物理本质安全化、事理运行科学化、人理决策最优化和行为规范化，最终实现安全生产的零风险管理。

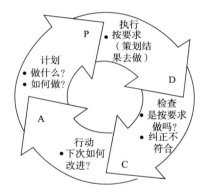

图 6.6　企业安全风险管控模式的 PDCA 实施程序

WSR 的方法论是基于东方哲学思想提出的系统工程方法论，应用其进行安全风险管控，更能将我国传统文化"懂物理、明事理、通人理"与企业实际相结合，也更容易对生产过程的风险因素进行全面、深入的辨识与排查，避免仅重视人员管理或隐患排查的片面性和局限性，进而保证安全生产的顺利进行。

6.3.5　管控模式的合理性分析

针对我国大型企业的生产系统，基于 WSR 方法论的生产安全风险管控模式有其三个方面的合理性，具体如下。

（1）该模式解决了我国大型企业安全管理创新不足的问题。为寻找解决安全风险管控的方法，一些大型企业引进了国外的安全管理体系，这虽对促进企业安全管理水平的提升起到了一些积极作用，但也出现了"体系和管理两张皮"

"水土不服"的问题[150]。这些问题的产生是他国文化与我国传统文化的差异导致的。而 WSR 的方法论是基于东方哲学思想提出的系统工程方法论，应用其进行安全风险管控，对于我国的大型企业具有更好的匹配性。

（2）针对我国大型企业，该模式具有风险管控的全面性。根据海因里希研究结果，80%的事故是人的不安全行为导致的[151]。这使众多大型企业过于重视人理因素，而忽视物理和事理因素。我国大型企业人员素质参差不齐且生产设备众多，这导致当前风险的过程管理不全面，对潜在风险或组合风险的分析缺失，进而导致事故的发生。而基于 WSR 方法论的管控模式，从物、事、人安全状态的演化机理出发，将动态发展的整个生产系统看作研究对象，更容易对风险因素进行全面辨识与排查，避免隐患排查的片面性，进而保证安全生产的顺利进行。

（3）针对我国大型企业的风险管控，该模式更具科学性。特别是我国国有企业的安全风险管控问题，是一个包含政府、企业、员工等多个相互作用的子系统的复杂巨系统问题，其运行机制还受国家政策、企业效益水平影响。而该模式所提供的就是一种将综合与分析、定性与定量相结合来解决问题的方案，能够在全面考虑企业风险因素的基础上，实现对风险管理的全面优化，对遏制重特大事故，避免人员伤害和经济损失具有重要意义。

6.4　生产安全风险管控的实施流程分析

6.4.1　风险辨识与评估流程

1. 风险辨识流程

基于 WSR 方法论的管控模式认为生产系统的风险包括物理、事理和人理三个层面。首先针对物理层面的风险进行辨识，采用企业现场考察、文件资料调研、访问记录的方法分析生产过程中的环境、物质资源或工具存在的风险；然后对事理风险进行辨识，考察规章、制度、管理体系、安全文化的建设情况，教育培训的频次和效果，安全风险预控是否到位，安全激励及奖惩机制是否完善，应急组织与响应水平等，分析各类事项可能存在的风险；最后对人理层面的风险进行辨识，采用组织与行为科学研究方法，找出能够导致人的决策失误、不安全行为的风险因素，并对这些因素进行分类汇总，形成企业安全风险管理的"风险事件清单"。

2. 风险评估流程

根据"风险事件清单"，采用风险矩阵法，确定每个事件发生的可能性和后果的严重程度，并评估事件风险大小[152]。对风险事件可能性的度量，见表 6.1。

表 6.1　生产安全风险事件发生可能性度量对照表

评估分数	程度描述	事件发生可能性	事件发生频次
5	几乎确认	可能性超过 90%	约 1 年发生一次
4	非常可能	可能性 50%~90%	约 2 年发生一次
3	中等	可能性 25%~50%	约 5 年发生一次
2	不太可能	可能性 10%~25%	约 10 年发生一次
1	非常不可能	可能性小于 10%	10 年内不会发生

对风险事件可能导致后果的度量，见表 6.2。评估分数越高，事件造成的损失越大。例如，评估分数为"5"，表示事件的后果非常严重，生产中断时间超过 90 天以上或人员伤亡 30 人以上或损失额度超过 1 000 万元；评估分数为"1"，表示事件的后果轻微，生产中断在 3 天以内或人员受伤或损失额度小于 100 万元。

表 6.2　生产安全风险事件发生后果度量对照表

评估分数	程度描述	损失额度	声誉影响	人员伤亡	生产中断时间
5	非常严重	超过 1 000 万元	国际范围内造成严重影响，很难恢复	30 人以上死亡	90 天以上
4	严重	700 万~1 000 万元	全国范围内造成恶劣影响，较长时间恢复	7~30 人死亡	90 天以内
3	中等	300 万~700 万元	所在省范围内造成较大影响，较长时间恢复	3~7 人死亡	30 天以内
2	较小	100 万~300 万元	所在地区范围内造成一定影响，消除需要一定时间	1~3 人死亡	3~10 天
1	轻微	小于 100 万元	企业范围内造成影响，短期内消除可能性较大	人员受伤	3 天以内

6.4.2　应对策略与控制流程

针对物理、事理、人理风险可能导致的事件，按照其发生的可能性及后果的严重程度，制定有效的应对策略，并采取控制措施，其体系结构见图 6.7。

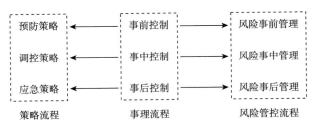

图 6.7　生产安全风险事件应对策略与控制体系结构

策略流程分为预防策略、调控策略、应急策略三个方面，分别对应风险事件的事前、事中和事后控制，而对于风险因素的管控，也相应进行风险因素的事前、事中和事后管理，保证安全风险在整个形成过程中，均能得到有效预防和控制。

企业生产系统中，物理、事理、人理层面的风险因素均采取闭环控制，以人理层面的风险因素控制为例，流程见图 6.8。首先针对企业内部各层级人员的风险因素进行风险辨识和管控，然后进行考核测评，如果不合格则继续考核测评，如果合格则进入工作岗位。工作过程中，进行决策失误或不安全行为考察。如果不存在，那么进入下一循环风险辨识与管控循环。如果存在违章指挥、管理失误、违章操作、造成轻伤或经济损失等，则进行风险因素解析，研究其发生机理，重新进行风险辨识与管控，再次考核测评直至能够以合格条件进入工作岗位。事理和物理层面的风险因素也采用该流程进行风险控制。

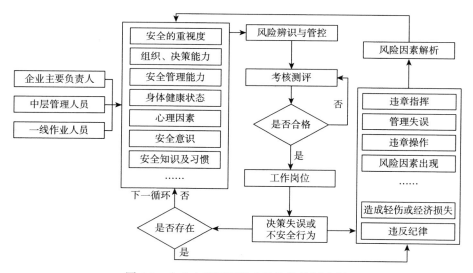

图 6.8　企业人理层面安全风险的控制流程

6.4.3　管控落实与监督流程

企业的生产安全风险控制，最重要的一环就是管控措施的落实与监督[153, 154]。如果有良好的风险应对策略与控制方法，但得不到具体的落实与监督，那么生产系统中的风险依然存在。安全风险的管控采用责任单位或部门整改表单的形式进行落实与监督，见图 6.9。

检查日期 _____

检查单位 _____　检查类型 _____　专业类别_____　地点_____

检查人 _____责任单位 _____整改负责人 _____

危险源描述 _____

存在问题 _____

检查依据 _____

整改要求 _____

整改期限 _____　整改上报人 _____上报日期 _____

是否纳入考核　□是　□否

考核标准 _____

负责单位扣分 _____负责单位处罚金额 _____

末级责任单位（领导）_____　末级责任单位扣分 _____责任单位处罚金额 _____

原因分析 _____

整改情况 _____

整改效果 _____

销号状态　□是　□否

复查人 _____复查日期_____

图 6.9　企业生产安全风险管控的落实与监督表单

安全风险管控的落实与监督表单设有检查信息、风险因素具体信息、整改信息、考核标准、责任单位、整改效果、复查信息等。检查信息主要包括检查日期、单位、类型、检查人等，主要用于明确检查对象，风险因素具体信息主要包括危险源描述、存在问题及依据等。设置具体的整改要求、期限、上报人员及日期即为落实风险因素的控制措施做出的约束，并设置整改后的情况、效果、是否销号及复查人和复查日期，进一步加强风险因素控制措施的落实与监督，形成闭环管控流程。

6.4.4　风险评审与改进流程

落实风险因素或风险事件的控制措施之后，再次对生产系统中的安全风险进行评审，并提出改进办法，避免其在以后的生产活动中再次出现，这是实现企业零风险管理的重要措施。风险评审与改进流程通过安全考核的方式进行，见图 6.10。

风险评审与改进流程的要素主要包括考核主体、考核目标、考核方式、考核流程、考核客体、考核指标和考核报告 7 个环节。考核主体是企业集团的安全部门，通常由安全副总经理或安全总监牵头，物理、事理和人理风险管控分部落实

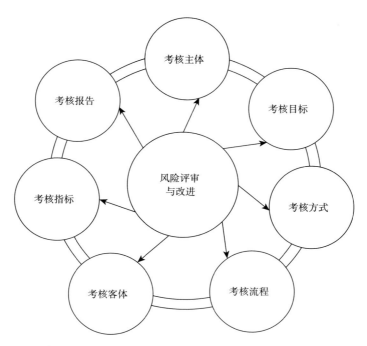

图 6.10 大型企业生产安全风险评审与改进的考核要素

执行，最终以考核报告的形式递交给企业的主要负责人。考核目标旨在促进企业风险管控模式的自我完善。通过对企业风险控制的运行落实情况检查考核，以进行自我诊断，改进风险管控中的不足，促使企业保持良好的持续发展势头。为了实现基于 WSR 方法论风险管控的考核目标，采用"分级考核、定期与不定期相结合"的方式进行，并与安全绩效挂钩。分级考核是指集团公司的安全部门至少每个季度对下级部门进行一次考核评价，下级部门至少每月向下一级组织单位进行一次考核评价，每个组织单位每周至少进行一次自我考核。"定期与不定期考核"则是指上一级单位对下一级进行不定期的检查考核，保证考核结果能够真实反映当前的风险管控水平。

考核流程主要包括考核准备、单元划分、现场调查、对标考核、提出问题与建议、编制报告 6 个部分，见图 6.11。

考核客体主要为已进行整改的风险因素或风险事件，包括物理、事理、人理风险考核。物理风险考核主要通过危险源的安全评价来实现，人理风险考核通过上下级之间的安全管理匿名问卷调查来实现，事理风险考核主要通过各项管理实现的运行效果考察来实现。考核指标与考核内容、目标相统一，并具有易于操作性。最后，考核组织人员针对考核中发现的问题、总结的经验进行汇总，编制报告，并提交给企业集团安全部门的副总经理，作为企业安全绩效、下一阶段的

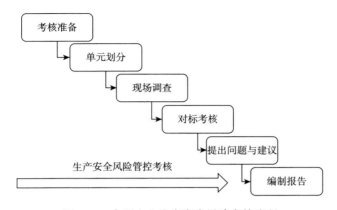

图 6.11　大型企业生产安全风险考核流程

安全投入、安全激励与奖惩的重要依据。

6.5　企业生产系统的安全风险管控平台

6.5.1　云计算及其关键技术

"云"是网络和互联网更为形象的说法[155]。以前通常用"云"来表示电信网，随着计算机网络的发展，后来也用"云"来比喻互联网和底层基础设施。而云计算是传统计算机与互联网技术发展融合的产物，是基于互联网的相关服务的增加、使用和交付模式，通常涉及利用互联网提供的虚拟化资源[155]。近年来，云计算技术随着网络技术的进步得到了飞速发展，为研究开发大型企业复杂生产系统的安全风险管控信息系统提供了思路。

采用云计算模式，只需向云计算提供商租赁服务，不需繁多复杂的硬件设施和应用软件即可获取信息储存与计算服务。通过网络，云计算可获得的服务包括"基础设施即服务"、"软件即服务"和"平台即服务"，见图 6.12。这意味着多个用户可以共享一个系统平台，且该平台实现了基本的信息交互，并提高了 Web 平台上的资源利用率。同时，该模式也省去了企业在人力资源和硬件上的资本投入。

通过对大型企业的安全风险分析可知，生产系统物理、事理、人理层面的风险因素都是众多且错综复杂的，这对安全风险管控的方法提出了更高的技术要求。而云计算技术具有高吞吐量、高效处理大数据集、高存储效率的特征，以该技术为基础研究开发基于 WSR 方法论的安全风险管控信息化平台，将为大型企业提供更为全面的安全风险信息展示与较为高效的安全管理工具，从而更好地满足生产安全的需要。

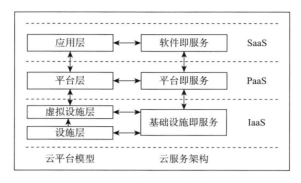

图 6.12　云计算服务的架构层次

6.5.2　安全风险管控的软件平台开发

为了对大型企业中的安全风险进行更为合理、高效的管控，以云计算技术为基础，初步开发设计了安全生产智能管理信息系统 1.0，该系统重点针对 WSR 方法论的物理风险因素进行管控，同时优化事理层面的风险管控方式，加强企业各级人员之间的协同配合，减小人理层面的安全风险，在生产安全风险管控的实施方面，具有极大的优势作用。该系统在中国船舶重工集团公司第七一四研究所进行了模拟试用，利用该系统模拟得到 2016 年 1~6 月的安全生产检查结果，见图 6.13。

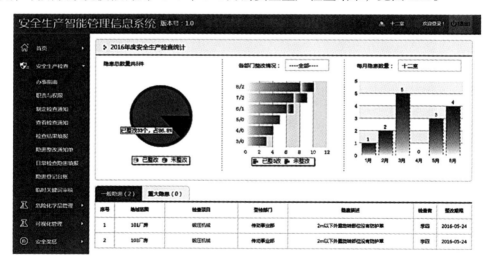

图 6.13　系统对 2016 年 1~6 月的安全生产检查统计（一）

系统的安全生产检查设有办事指南、职责与权限、制定检查通知、查看检查通知、检查结果填报、隐患整改通知单、日常检查隐患填报、隐患登记台账、临时关键词审核等功能。通过安全检查功能的设置，可加强对企业中已辨识的风险因素或隐患的整改。由图 6.13 可看出，安全检查人员将已辨识出的风险因素或隐患输入系统后，系统能够统计当月的隐患数量。然后各部门主要负责人和安全管理人员会针对风险管控情况，进行审核确定，系统会根据整改情况进行统计分析，能够给出整个企业以及各个部门中未整改的隐患或风险因素占总数的比例情况，同时还可将隐患进行分类，给出风险因素可能导致的一般隐患和重大隐患的内容和信息。

　　针对企业各类风险因素在耦合作用下导致的隐患分布情况，软件系统设置了可视化管理功能，便于提高对生产安全风险的管控。该功能包括隐患时间分布情况、各部门隐患整改分布情况以及各检查项目的隐患分布情况，见图 6.14~图 6.16。

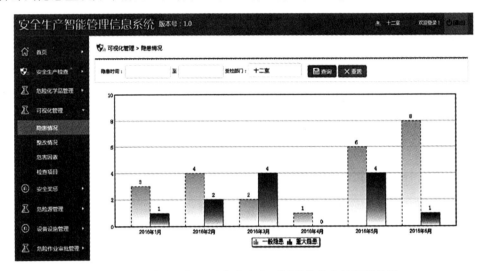

图 6.14　系统对一般和重大隐患在不同月份分布情况的统计

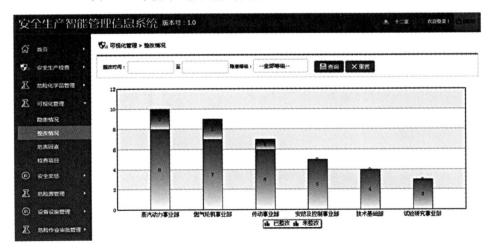

图 6.15　系统对 2016 年 1~6 月的安全生产检查统计（二）

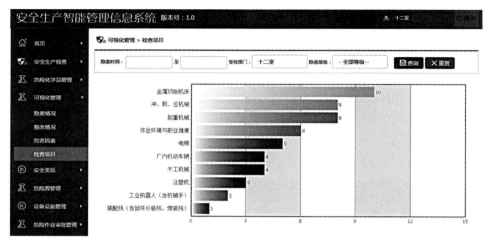

图 6.16　系统对 2016 年 1~6 月的安全生产检查统计（三）

图 6.14 显示了一般和重大隐患在不同月份的分布情况。根据海因里希的安全累积原理，在一般安全隐患数量较多的情况下，可能发生重大隐患。因此，通过统计不同时期一般隐患与重大隐患的比例关系，可以得知重大隐患数量的变化规律，进而为遏制重大生产安全事故提供保障。

图 6.15 模拟显示了蒸汽动力事业部、燃气轮机事业部、传动事业部、安防及控制事业部、技术基础部、试验研究事业部等不同生产部门的隐患整改分布情况。由图 6.15 可看出，蒸汽动力事业部的隐患数量最多，虽然已整改 8 项，但未整改数量还有 2 项。而试验研究事业部的隐患总数和未整改数量均较少。对于这种可视化的分布图表，企业领导和部门相关责任人员均有权限进行查看，这对隐患排查起到了敦促作用，同时进一步强化了生产安全风险的管控。

图 6.16 模拟显示了金属切削机床，冲、剪、压机械，起重机械，作业环境与职业健康，电梯，厂内机动车辆等不同项目中的隐患数量分布情况。其中金属切削机床的隐患数量最多，而装配线（含部件分装线、焊装线）的隐患数量最少。通过对不同检查项目隐患数量的统计，可以对生产系统中的项目总体风险进行比较，并可以直观地看出哪些项目的风险较大，从而为采取针对性的风险管控措施或做出科学的安全投入决策提供基础。

该安全风险管控软件平台设计有安全奖惩、危险作业审批管理、安委会管理、职业病相关管理、教育培训管理等功能，系统地将物理、事理、人理层面的风险管理集成为一体化风险管理，从而有利于企业进行统一考评，方便提取相关业务绩效数据，分析各种安全风险的演化，生成系统化的分析、考核结果，促进企业在全方位的生产安全风险管理体系实施过程中形成自主运行的动力机制，有力保障安全生产的顺利进行。

6.6　本 章 小 结

　　本章分析了安全管控模式的定义，总结了大型企业现代安全管理模式的特征，并通过对优秀国外企业安全管理模式的分析，得出了生产系统安全风险管控模式的构建原则。在对大型企业风险因素相互作用机理进行研究的基础上，提出并建立了基于 WSR 方法论的生产安全风险管控模式，同时给出了该模式下的安全风险管控目标、管理理念、组织结构的优化设置、实施流程及其合理性分析。最后，基于云计算技术，初步研发了企业生产系统的安全风险管控平台，利用该信息综合处理平台，可为大型企业提供更为全面的安全风险信息展示与较为高效的安全管理工具，从而更好地满足生产安全的需要。

第7章 案例分析

在第 6 章提出了基于 WSR 方法论的安全风险管控模式,本章将以实际企业为研究对象,从正反两个方面应用该模式进行案例分析。首先对"11·22"中石化东黄输油管道泄漏爆炸事故进行分析,从物理、事理、人理三个层面对事故致因进行分类讨论,揭示其风险管控不到位之处,指出风险管控的有效干预措施。其次对某集团公司安全生产形势的变化进行案例分析。最后针对中建总公司、中化集团进行风险管控的成功经验进行分析,验证该风险管控模式的有效性与重要性。

7.1　基于 WSR 方法论的管控模式通用性分析

根据第 6 章提出的安全风险管控模式,大型企业生产系统的安全风险主要由物理、事理和人理三个层面的风险因素组成。当这三个层面的风险因素得不到有效的管控时,在一定的条件下就会转变为事故,严重时即可导致人员伤亡和财产损失。因此,大型企业的生产安全风险的管控,就是研究这三个层面风险因素的形成机理,并采取针对性措施进行控制,中断因素之间的相互作用。

大型企业的安全风险管控工作是一个复杂的系统工程。当前的安全风险管控模式中,较多情况是片面地以"人"为中心,以隐患、危险源等"物"为中心或以"管理"为中心。一些企业也提出了以"人、机、物、法、环的系统"为中心的管控模式,但在实际实施过程中,由于组织结构设置不合理或风险管控理念缺失,同时也未在物的不安全状态演化机理、人的决策与行为机理、安全管理事项的运行机理的基础上进行风险管控,故并未取得较好的效果。此外,我国的大型企业涉及石油化工、煤炭、电力、船舶、建筑、交通运输、信息传输、房地产开发经营、软件信息服务等多个行业领域,每个行业领域中"人""物""管理"三个方面存在的风险侧重也不相同,且企业中管理人员和作业人员的安全观与价值观也深受中国文化影响，因此采用基于 WSR 方法论的安全风险管控模式，对我国大多行业领域的生产安全风险进行分析具有一定的通用性。

7.2 山东省青岛市"11·22"中石化东黄输油管道泄漏爆炸事故分析

7.2.1 案例及基本信息

中石化的管道储运分公司在 2013 年 11 月 22 日 10 时发生了输油管道爆炸事故[156]。该事故地点位于山东省经济技术开发区，是由泄漏原油在暗渠密闭空间内形成油气积聚，并遇到作业火花导致的。事故直接经济损失为 7.5 亿万元，共导致 198 人伤亡，其中 62 人死亡，136 人受伤[156, 157]。

1. 事故单位情况

中石化设立于 2000 年，隶属于中石化集团公司，从事业务主要包括两个方面，即石油天然气生产与运输、油品化工与销售。而管道储运分公司是中石化下属专门从事石油运输业务的分公司。该分公司具有下设输油生产单位多、输油管道长的特点，共包括 13 家单位，37 条管道，101 个输油站库[156]。其中，潍坊输油处就是其中一个输油生产单位，主要负责和管理事故发生所在的黄岛油库。该油库输油管道有 5 条，共 872 千米。

2. 事发的输油管道情况

事发的输油管道全长 248.5 千米，直径 0.711 米，采用埋地方式铺设，为东西走向，自山东省东营市东营首站开始，至开发区黄岛油库结束，因此称之为东黄输油管道。该管道于 1986 年开始运行，设计输油压力为 6.27 兆帕，输油能力为 2 000 万吨/年，管材为直缝焊接钢管，外壁设有防腐层。

3. 事故的发生经过描述

潍坊输油处的调度中心值班人员在 2013 年 11 月 22 日 2 时 12 分时，利用泄漏检测系统最先发现事发输油管道的油库出站压力明显异常，初步判断黄岛油库出站 0.8 千米处可能发生漏油事故[156]。在确认油库无操作因素并安排输油站人员进行巡线后，调度中心发现油库出站压力进一步降低至 4.33 兆帕，此时完全确定已发生管道泄漏事故。管道全线停运时间为当天 2 时 25 分，从事故监测发现至事故完全确定持续时间为 13 分钟。9 时 15 分时，管道公司通知现场事故处理人员成立指挥部，并进行抢修工作。现场采用挖掘机及液压破碎锤展开作业，期间由于产生火花导致爆炸发生，同时引起排水暗渠和海上溢油处的泄漏油品着火燃烧。爆炸产生冲击波和飞溅物，导致抢修人员、周围行人及作业人员等共 198 人伤亡，同时导致周边建筑物、车辆、设备及生活管线受损。

7.2.2 物理层面原因分析

通过对事故资料的分析可知，该管道的泄漏爆炸是生产设备、固有危险源、管道埋设环境和安全防护设施等物理风险因素在相互作用下产生的，其风险演化过程见图 7.1。

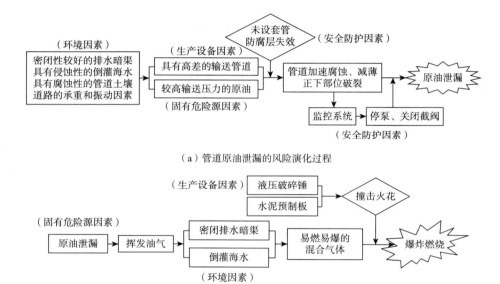

（a）管道原油泄漏的风险演化过程

（b）排水暗渠爆燃的风险演化过程

图 7.1 管道泄漏爆炸事故的物理风险演化分析

管道原油泄漏的风险逐渐增大并转变为事故，主要有以下 4 点原因：①管道内的原油为埃斯坡、罕戈 1∶1 混合油，本身具有较大的火灾和爆炸危险性。当该原油以 4.67 兆帕的满负荷运行出站压力在管道中输送时，其自身风险增大。②输油管道所埋设区域的土壤，含有较多氯化物和盐碱成分，具有一定侵蚀性；排水暗渠随着潮汐变化海水倒灌，输油管路经常处于干湿交替的海水及盐雾环境，再加上承重和路面振动等力学因素，局部腐蚀损伤的速度增加。③管道由于穿越公路时未设防护套管，以及在外防腐层破损情况下未进行及时修复，随着时间的累积，即出现壁厚严重减薄、破裂的情况，从而导致原油迅速、大量泄漏。④利用监控系统确认原油泄漏，并紧急停泵、关闭截断阀之后，由于管线具有地势高差，部分原油在重力位差作用下仍可继续泄漏，因此事故并未得到彻底控制。

管道泄漏事故发生后，爆炸风险逐渐增加并转化为特别重大事故的原因，有以下 3 个方面：①原油作为固有危险源，具有挥发性。泄漏原油挥发出的大量油气在相对密闭的排水暗渠内不断积聚，并与暗渠内的空气形成易燃易爆混合气体。②在潮汐变化影响下，海水逐渐倒灌至排水暗渠，并沿入口向上游逐渐推进，这导致泄漏原油及其混合气体在排水暗渠内进一步蔓延扩散，使风险范围扩大。③抢修作业的破碎锤在暗渠盖板上进行打孔作业，产生撞击火花，并作为点火源引发混合气体的大范围、连续爆炸燃烧。

7.2.3 事理层面原因分析

在事理层面，企业的规章制度、标准、HSE 管理体系等较为完善，并且重视安全投入和安全文化建设，整体安全管理水平较高；然而在安全风险预控和应急管理方面存在较大风险，这在很大程度上是由企业的安全生产责任落实不到位导致的。本次事故的事理风险演化分析，见图 7.2。

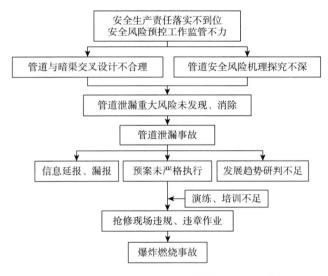

图 7.2　管道泄漏爆炸事故的事理风险演化分析

企业事理层面的风险逐渐演变为事故的原因，主要体现在以下 4 个方面：①企业由于对管道保护的安全责任不明，以及对安全风险预控的监管不力，因此尽管管道与排水暗渠交叉设计不合理，却并未及时处理。管道在排水暗渠内悬空架设，随着环境的侵蚀，风险逐渐增加，企业及各部门也未对其风险机理进行深入探究。②由于风险机理不明，管道保护及市政部门开展多次专项检查，均未发现东黄输油管道存在重大泄漏风险，因此也未对管道泄漏段进行及时、重点修复，导致了事故的发生。③泄漏事故发生后，企业各部门未严格按预案要求进行应急处置工作，对事故发展趋势研判出现严重错误，同时存在事故信息延报、漏报的问题，进而导致了应急救援不力、现场处置措施不当的情况。④由于企业对管道泄漏突发事件的预案缺乏演练和培训，应急救援人员对自己的职责和应对措施不熟悉，因此抢修现场在未进行可燃气体检测的条件下，盲目动用非防爆设备进行作业，进而导致了爆炸燃烧事故的发生。

7.2.4　人理层面原因分析

导致管道事故发生的人理风险因素主要包括影响企业内、外部人员决策或行为的内在特质因素，其演化分析如图 7.3 所示。其中，企业的内部人员主要是企业负责人、各部门管理人员以及现场作业人员；外部组织人员主要是市政府、安全监察部门、管道保护工作主管部门以及其他事故相关部门人员。

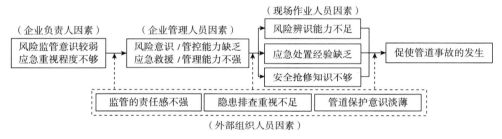

图 7.3　促使管道事故发生的人理风险演化分析

人理层面的风险因素通过相互作用，促使管道事故的发生，其主要体现在以下 4 个方面：①现场管道巡护人员、安全检查人员及时发现重大风险的能力不足，应急救援和管道抢修人员知识或经验不够，是导致其不安全行为并促使事故发生的直接原因。②企业管理人员作为各部门的"一把手"，由于其安全风险意识与管控能力缺乏、应急救援与管理能力不强，失去了对本部门风险与应急进行的监管作用，进而导致了现场人员行为风险的增加。③企业负责人作为安委会主任，由于其安全风险监管意识较弱，应急救援重视程度不够，失去了对各部门管理人员的督促指导作用，从而造成了管道保护的决策失误，也导致了相关安全责任的难以落实。④外部组织人员出现了督促各部门履行职责不到位、规划审批把关不严、指挥救援不力等一系列决策或行为失误，体现了其监管责任感不强、隐患排查重视不足以及管道保护意识淡薄的人理风险，从而未能阻止企业各级风险的不断演化，也未能遏制事故的发生。

由案例分析可知，中石化虽然建立了完整的 HSE 监督管理体系，具有相对较高的安全管理水平，但在企业物理、事理、人理的安全风险管控方面，存在较大的不足，进而导致了特大事故的发生。其中，安全风险预控和应急响应工作不到位是本次事故发生的关键。因此基于系统动力学，对该企业的风险管控进行进一步分析。

7.2.5 基于系统动力学的风险管控分析

根据附录 3 的调查问卷结果，将模型中状态变量的初值设定为调查到的分值，将调查的企业实际分值与模拟分值进行对比，计算模型模拟误差，见表7.1。

表 7.1 部分指标调查分值及误差分析表

序号	指标	当前分数	模拟分值	误差率
1	企业生产安全风险管控水平的分数	95	86.08	10%
2	企业安全法规制度完善程度的分数	90	90	0
3	企业安全文化建设水平的分数	85	85.89	0
4	企业安全教育水平的分数	90	88.27	0
5	企业安全奖金工作的分数	80	81	1%
6	企业安全投入的充足程度的分数	90	90	0
7	企业安全员的能力水平的分数	90	设定 90	
8	企业负责人对安全的重视程度的分数	90	设定 90	
9	设备设施硬件水平的分数	85	设定 85	
10	政府安监部门隐患排查水平的分数	85	设定 85	
11	企业安全员的隐患排查的分数	90	90	0
12	安全风险预控工作的分数	90	86	4%
13	班组的日常隐患排查的分数	90	86.14	4%
14	政府安监和企业应急响应的分数	80	设定 85	
15	企业应急物资配备水平的分数	85	设定 85	
16	企业物的安全状态水平的分数	85	86.67	2%
17	企业事故应急响应水平分数	85	84.08	0

如表 7.1 所示，所考察的 11 个指标中，有 10 个误差率低于 5%，证明模型拟合良好，精度可以接受。但是企业生产安全风险管控水平的分数误差率为 10%，较大。企业生产安全风险是由物理、事理和人理等多个因素风险组成的，而如表 7.1 所示，第 2 项到第 17 项指标的分数均小于 95 分，平均值是 87 分，因此推断企业生产风险管控水平 95 分，调查问卷中打分过高，将 95 分作为潜在企业风险管理目标。另外，企业生产安全风险管控水平的分数是安全管理人员对生产安全总体水平的测评，是风险波动的中心值，即潜在的企业风险管控目标，因此，将 95 分作为潜在企业风险管理目标。

将模型时间设定为2016~2080年区间，主要指标的模拟结果如图7.4中base0所示。由图7.4可知，所观察的4个指标均呈现波动状态，并收敛于某一特定数值。其中企业风险管控水平和物的安全状态水平收敛水平高于初值水平，事故应急响应水平和作业人员安全行为水平低于初值水平。根据表7.2的分析，该公司的安全风险预控工作和事故应急响应水平欠缺。因此，为了提高企业生产安全风险管控水平，制订如下多项干预方案。

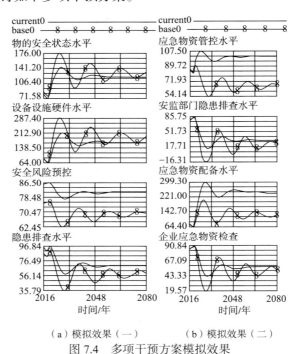

（a）模拟效果（一）　　　（b）模拟效果（二）

图 7.4　多项干预方案模拟效果

表 7.2　多项安全监管干预方案设计

指标类别	干预方案指标	基础值	设定值	仿真模型
安全风险预控工作的分数	中介机构服务	70	85	current0
	日常隐患排查系数	1	1.2	
应急组织与响应	主要负责人重视对应急响应转换系数	1	1.2	
	应急物资投入比例系数	0.4	0.6	
	设备设施投入比例系数	0.6	0.4	

根据表7.2设计的方案，应用模型进行模拟运行，得到的结果如图7.4所示。由图7.4可看出，企业风险管控水平、事故应急响应水平和物的安全状态水平在

多项干预方案的作用下，均优于基本模型的状态水平，证明制订的安全干预方案有效。

根据以上分析，以中石化为例，应用建立的系统动力学模型，针对企业的实际情况对模型进行了赋值和模拟，通过采用安全风险预控和事故应急响应措施，可以提高企业生产安全风险管控水平，进而避免事故的发生。

7.2.6 结果与讨论

综合以上分析可知，大型企业重特大事故的发生，是生产系统物理、事理、人理风险耦合作用的结果。因此，企业在进行生产运营时，首先应尽可能详尽地掌握企业涉及的物理因素及其之间相互作用的风险演化过程，并保证安全设施因素能够保障生产设备、原料或产品等不出现较大的安全风险，实现企业物理层面的本质安全化。同时，在日常维护方面，要加强风险因素或隐患的排查深度，并落实整改，制订合理的安全投入方案，保证安全风险预控工作的顺利展开与实施，强化应急组织与事故处理的能力，避免事故处理过程中发生二次事故。在人理层面，企业的主要负责人、中层管理人员要加强安全责任的落实，提高安全素质与安全工作的监督管理能力，并不断提高现场生产人员、应急事件处理人员的安全意识和业务能力，避免不安全行为的出现，实现企业人理层面的决策科学化、行为规范化。企业生产系统在物理、事理、人理层面同时管理，同时进行，才能避免重特大事故的发生。

7.3 某企业集团安全风险管控案例分析

7.3.1 企业基本情况

该企业是集勘察设计、施工安装、工业制造、房地产开发、资源矿产、金融投资和其他业务于一体的特大型企业集团，连续 11 年进入世界企业 500 强，2015 年营业收入超过 6 000 亿元。具有铁路工程施工总承包特级资质、公路工程施工总承包一级资质、市政公用工程施工总承包一级资质以及桥梁工程、隧道工程、公路路基、路面工程专业承包一级资质，城市轨道交通工程专业承包资质，拥有中华人民共和国对外经济合作经营资格证书和进出口企业资格证书。业务范围涵盖了几乎所有基本建设领域，包括铁路、公路、市政、房建、城市轨道交通、水利水电、机场、港口、码头等，先后参与建设的铁路占中国铁路总里程的 2/3 以上；建成的电气化铁路占中国电气化铁路的 90%；参与建设的高速公路约占中国高速公路总里程的 1/8；参与建设了中国 3/5 的城市轨道工程。公司现有员工 29

万余人，其中，中高级技术人员 7 万余人、中国工程院院士 2 名、国家有突出贡献中青年专家 6 名、全国工程勘察设计大师 5 名、享受国务院政府特殊津贴专家人员 300 余人。

该集团具有企业规模大、从业人员多、安全风险高的特点，生产安全事故时有发生，这一直困扰着企业。为此集团采取了一系列措施加强安全生产管理，各级企业负责人高度重视安全生产工作，做了大量扎实有效的工作，取得了显著的成效。"十一五"期间，共发生各类安全生产事故 134 起、死亡 317 人；"十二五"期间，共发生各类安全生产事故 56 起、死亡 150 人，同比事故件数减少 78 起，下降 58.2%，死亡人数减少 167 人，下降 52.7%。2011 年 10 起死亡 30 人，含重大事故 1 起死亡 12 人、较大事故 2 起死亡 9 人；2012 年 6 起死亡 41 人，含重大事故 1 起死亡 20 人、较大事故 4 起死亡 19 人；2013 年 8 起死亡 12 人，无较大及以上事故；2014 年 20 起死亡 36 人，含较大事故 5 起死亡 16 人；2015 年 12 起死亡 31 人，含较大事故 5 起死亡 21 人。

总体来看，该集团安全生产状况保持稳定，并呈现出积极"向好"的态势。特别是 2013 年，事故起数降到 8 起，死亡人数 12 人，未发生较大及以上事故，实现了历史最好安全业绩。但是在 2014 年之后，集团生产安全事故出现了明显反弹，为摸清事故反弹背后的真正原因，以下针对该集团近年来安全生产实际情况，采用 WSR 方法论的观点，分别从物理、事理、人理三个方面，对该集团生产安全风险管控方面的有利措施和不利因素进行系统分析。

7.3.2 物理层面风险管控分析

在物理层面，该集团积极改善作业环境，重视提高施工技术装备水平，同时不断加强安全防护设施的维护，较大程度地降低了企业物理层面的安全风险，主要体现在以下几个方面。

（1）作业环境方面：针对地下施工过程危险性高、事故多发的生产现状，对隧道及地下工程施工采用超前地质预报、围岩变形量测等技术手段，科学准确地掌握地质状况和结构变形情况，减少作业环境中隧道、基坑等地下结构坍塌情况。

（2）技术装备及防护设施方面：积极推广先进适用的技术装备，采用科学、成熟的工法，不断提高工程项目技术装备能力，提高了企业本质安全化水平。同时加快推进隧道防坍塌监测预警系统科研项目，形成了产品，并已在高风险隧道中应用。

（3）固有危险源方面：针对施工现场的民用爆炸物品，严格规范存储、使用，出台相关标准进一步加强管理。在瓦斯隧道进行施工时，应用防爆设施，提前排出有害气体，规避爆炸风险。

　　该集团对生产系统中存在的物理风险严加管控，是保持企业安全生产状况持续稳定的基础，但在 2014 年之后，企业事故数量开始增加，通过现场调研、综合分析可得出以下两点原因。

　　（1）2014 年、2015 年是"十二五"的最后两年，该集团的大多工程施工项目由于进入收尾期，时间紧张，出现了抢工期、赶进度的现象，致使一些有效安全防护措施不能及时实施到位，增加了生产系统的物理风险。

　　（2）随着我国高铁建设的快速发展，进入"十二五"后期，铁路建设重点项目逐步由中东部发达地区向西南、西北地区转移，铁路施工有多处在崇山峻岭之中。然而这些地区环境恶劣、地质条件复杂、施工难度大，桥隧比非常高，超长隧道、超大桥长度屡破纪录，这无疑增加了作业环境的危险性。在安全防护措施未及时到位的情况下，物理风险进一步增加。

　　因此，该集团针对生产设备、固有危险源、生产环境以及安全防护设施进行全面风险管控的同时，还应掌握生产情况的变化，采取针对性措施，使生产系统的物理风险一直保持在可接受的范围之内。

7.3.3　事理层面风险管控分析

　　事理层面，该集团持续推动了安全生产标准化建设，健全了规章制度体系；建立了持续提升风险预控水平的应对方案，不断加强安全投入，提高安全教育与培训质量，在应急组织与救援方面注重实践，较大程度上提高了企业事理层面的风险管控水平。具体内容如下。

　　（1）出台企业强制性标准，推动安全生产标准化建设，健全安全规章制度体系。先后组织制定和出台了《隧道施工防坍卡控红线》《施工现场民用爆炸物品管理卡控红线》《有限空间作业安全卡控红线》等企业强制性标准，严控高风险工序作业。出台了《安全生产标准化建设工作指导意见》，对各单位和项目分阶段、有重点地推动安全生产标准化建设工作进行了安排，提出了明确目标和要求。修订了《职业安全健康监督管理规定》《安全质量及灾害事故（事件）应急预案》《生产安全事故经济处罚办法》等，促进了安全管理工作进一步制度化和标准化。

　　（2）持续提升分级风险预控水平。通过落实持续改进方针，不断加强对重大风险项目的分级管控，对九大类别的重大风险项目，按安全风险从高到低分为四个等级，建立了股份公司、二级公司、三级公司和项目经理部的四级管控体系。同时严格分级评审管理，推进分级负责制、层级现场稽查制、片区督导巡视制等，基本确立了企业分级管理、风险分级管控、权责科学划分的风险分级管控体系。

（3）保证高危作业的安全投入，提高企业各级人员的安全教育与培训质量。在有限空间作业、起重吊装作业以及职业病防治方面，每年保证针对性安全投入。同时，对集团下属的各级分公司主要负责人、各级管理人员及现场作业人员，进行有计划、分阶段的安全教育与培训，加强企业内部同行业间安全管理人员的交流，不断提高企业员工的安全综合素质及风险管控水平。

（4）不断加强应急救援建设。完成了三支隧道坍塌专业抢险救援队伍的组建、基地建设、设备配置、培训演练等工作；加大了应急救援建设的投入资金，完善了应急救援体系。重视应急救援队伍的演练与实践，自企业成立以来，积极参与社会应急救援9次，成功救出被困人员57人，履行社会责任的同时，也提高了队伍应急响应与组织救援的水平。

然而，该集团在安全生产责任制落实、安全文化建设、安全激励与奖惩方面的重视程度还不够，有待进一步加强。这也是在2013年安全形势好转之后，继而又发生变化的重要原因。具体内容如下。

（1）该集团在落实"一岗双责，党政同责，失职追责"的要求过程中，没能将其真正落到实处，特别是没有与集团总部各部门签订安全生产责任状，纵向到底，但横向没有到边。

（2）在安全文化建设方面不足，这使得该集团在 2013 年取得较好的安全效益之后，各级人员对安全风险的管控力度有所减弱。加上集团企业内部并没有形成科学的安全激励与奖惩方案，使得安全风险管控水平进一步降低，导致了 2014年事故数量的再次增加。

因此，该集团在进行事理风险管控时，应注重风险的全面预防。企业法规、标准与管体体系建设，安全投入，安全风险预控，企业文化及安全氛围建设，安全教育与培训，安全激励与奖惩，应急响应与组织应同时进行，避免疏漏，同时闭环控制，提高安全事项运行的科学性，这样才能有效预防事故的发生。

7.3.4 人理层面风险管控分析

在人理层面，该集团重视专职管理人员和一线作业人员综合安全素质的提高，并采取了一系列措施避免人理层面的安全风险。主要内容如下。

（1）不断提高全体职工的安全素养。做好"三类人员"培训取证和注册安全工程师继续教育，是该集团安全教育培训的重要内容。近几年来，根据年度培训计划，先后与企业、地方监管部门联合举办了32期"三类人员"安全生产考核取证培训班、专职人员和注册安全工程师继续教育培训班，受教育人数达 5 500余人，提高了专职人员的业务水平和工作能力。

（2）提高全员的安全意识和风险管控能力。先后组织开展了"安全生产月"活动、高危作业知识竞赛活动、现场安全风险辨识与排查比赛等多项活动。充分运用各种活动载体，营造浓厚安全氛围，提高全员的安全意识和对安全的重视程度。同时，高度重视群众安全生产监督工作，加强了"青年安全监督岗"和"群众安全生产监督员"的配备、考核、鼓励和表彰工作，努力调动和发挥一线员工安全风险防控作用；通过青年安全监督岗技能大赛、群安工作经验交流会、"一先两优"评选活动等进一步提升了员工参与安全风险管理的热情与能力。

但该集团在管理机构及人员变动后的人理风险管控方面存在较大不足。当企业的生产规模和任务量增加后，针对性的人理风险管控措施未及时实施，这是导致 2014 年安全风险增加的重要原因，具体如下。

（1）2013 年底，该集团主要负责人发生变更，集团管理机构发生了调整，为加强施工与安全生产的统一协调管理，该集团将工程管理部门与安全监察部门进行了合并，从某种意义上讲，削弱了安全生产监管力度。原来的安全监察部门负责人成了新工程安全部的负责人，对安全生产工作的投入力度有所减少。

（2）2014 年、2015 年，该集团经营规模大幅度增加，各级企业和项目的工程技术管理人员出现了明显的不足，随着任务量的增减变化，管理人员经验和能力无法跟上企业发展的需要，个别重大项目的技术负责人甚至为刚毕业的大学生，其严重缺乏安全风险管理经验，导致了企业人理层面安全风险的增加。

因此，该集团在进行人理安全风险管控时，应注重管理机构或人事变动、生产规模变化对人理风险的影响，同时采取有效措施，避免企业内部各类因素变化导致安全风险的增加，实现企业在人理层面的决策最优化、行为规范化。

由案例分析可知，该集团虽然在事理、物理、人理层面具有相对较高的安全管理水平，但针对风险因素的管控并不全面，尤其是事理层面的风险管控，具有较大的片面性。同时，在应对工期紧张、作业环境改变、管理机构或人员变动、生产规模增加等一系列生产经营情况变化时，并没有采取有效措施预防物理或人理风险的增加，进而导致了生产安全事故数量的明显反弹。以下采用系统动力学，对该企业的风险管控进行进一步分析。

7.3.5　基于系统动力学的风险管控分析

该企业的生产安全管控水平的调查问卷结果，见附录 3。根据第 4 章的系统动力学模型以及调查结果，将模型中状态变量的初值设定为调查到的分值，将调查的企业实际分值与模拟分值对比，计算模型模拟误差，见表 7.3。所考察的 10 个指标中，误差率均低于 5%，证明模型拟合良好，精度可以接受。

表 7.3　部分指标调查分值及误差分析表

序号	指标	当前分数	模拟分值	误差率
1	企业安全法规制度完善程度的分数	80	79.43	0.71%
2	企业安全文化建设水平的分数	65	63.97	1.58%
3	企业安全教育水平的分数	70	69.65	0.50%
4	企业安全奖金工作的分数	30	30.36	1.20%
5	企业安全投入的充足程度的分数	80	79.9	0.12%
6	企业安全员的能力水平的分数	80	设定 80	
7	企业负责人对安全的重视程度的分数	85	设定 85	
8	设备设施硬件水平的分数	75	设定 75	
9	政府安监部门隐患排查水平的分数	70	设定 70	
10	企业安全员的隐患排查的分数	75	76	1.38%
11	安全风险预控工作的分数	70	73	4.29%
12	班组的日常隐患排查的分数	60	61.25	2.08%
13	政府安监和企业应急响应的分数	75	设定 75	
14	企业应急物资配备水平的分数	70	设定 70	
15	企业物的安全状态水平的分数	75	72.79	2.95%
16	企业事故应急响应水平的分数	75	78.05	4.07%

根据调查表，将 80 分作为潜在企业风险管理目标。将模型时间设定为 2016~2080 年，主要指标的模拟结果，见图 7.5。所观察的 4 个指标均呈现波动状态，并收敛于某一特定数值。其中企业风险管控水平和物的安全状态水平收敛水平高于初值水平，事故应急响应水平和作业人员安全行为水平与初值水平基本持平。通过对企业生产安全风险管控系统的建模研究，可知系统涉及的指标因素数量大，指标间关系错综复杂。通过对模型的仿真分析，可以展示出随着某一指标调整，系统中变量的变化趋势及效果，进而有针对性地制订安全监管方案。

根据企业实际情况分析，该集团的事理方面的安全文化建设、安全激励与奖惩方面的重视程度水平欠缺。因此，为了提高企业生产安全风险管控水平，制订的多项干预方案，见表 7.4。

表 7.4　多项安全监管干预方案设计

指标类别	干预方案指标	基础值	设定值	仿真模型
潜在风险管控目标	潜在风险管控目标	80	90	
安全文化建设	安全文化投入比例	0.7	0.9	current
安全奖金	安全奖金投入比例	0.38	0.8	

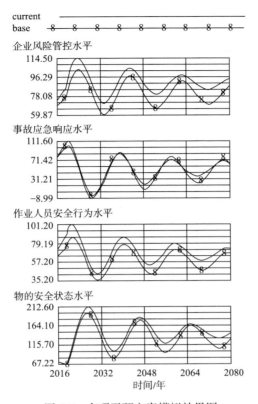

图 7.5 多项干预方案模拟效果图

根据表 7.4 设计的方案，应用模型进行模拟分析，得到的结果如图 7.5 所示。在潜在风险管控目标、安全文化投入和安全奖金投入比例提高的干预下，企业风险管控水平、事故应急响应水平、作业人员安全行为水平和物的安全状态水平均有所提高，证明制订的安全干预方案有效。

根据以上分析可知，该集团应用建立的系统动力学模型，针对企业的实际情况对模型进行赋值和模拟，通过安全文化建设、安全激励与奖惩措施，可以提高企业生产安全风险管控水平，进而避免事故的发生。

7.3.6 结果与讨论

根据该集团安监部门统计，"十二五"期间，按照安全生产事故的风险致因分析，物理风险失控导致的事故总数为 15 件，死亡 23 人，占总数的 26.8% 和 15.3%；事理风险失控导致的事故总数为 21 件，死亡 66 人，占总数的 37.5% 和 44%；人理风险失控导致的事故数量为 20 件，死亡 61 人，占总数的 35.7% 和 40.7%。由此可见，企业在物理、事理、人理三个层面的风险管控几乎是同等重要的。工程项目安全生产、施工技术、机械设备、教育培训等综合管理不到位和作业现场"三违"、现场管理及岗位作业人员对安全重视程度不够、辨识风险能力不足、野外施工环境复杂等均是导致事故多发的重要原因。因此，企业在生产系统的物理、事理、人理层面应同时管理，同时进行，这样才能避免事故的发生。

综合以上案例分析可知，该集团的生产安全风险管理模式与 WSR 方法论的基本观点基本一致，因此在 2013 年以前，控制了生产系统各方面风险因素的演化，较为有效地预防了事故发生。然而在 2014 年，该集团由于在应对工期紧张、作业环境改变、管理机构或人员变动、生产规模增加等一系列生产经营情况的变化时，并没有采取有效的措施预防物理或人理风险的增加，进而导致了生产安全事故的明显反弹。因此，企业的生产事故是物理、事理、人理风险不断演化的结果，只有将这三个层面的安全管理工作做好，不断追求并实现物理的本质安全化，事理的运行科学化，人理的决策最优化、行为规范化，才能有效地避免事故的发生。通过应用建立的系统动力学模型，针对企业的实际情况进行仿真模拟，验证了生产系统中多项干预措施的耦合性，同时也表明了基于 WSR 方法论的企业安全风险管控模式的有效性和合理性。

7.4 中建总公司安全风险管控案例分析

7.4.1 企业基本情况

中建总公司，全称为中国建筑工程总公司，是国内规模最大的国有建筑企业和最大的国际工程承包商。总公司系统有职工12.15万人，其中管理和专业技术人员为 6.3 万人，占职工总数的 51.85%，各类中高级专业技术人员为 2.71 万人，占管理和专业技术人员总数的 43%。拥有中国工程院院士、全国工程勘察设计大师、教授级高级工程（建筑）师等专家人才近 600 人，拥有注册建筑师、注册结构工程师等专业人才 20 000 多人，拥有国际化人才近 100 人。为实现总公司"一最两跨"的目标，企业实施人才强企战略，以凝聚人才为主旋律，坚持以人为本、营造管理环境，优化队伍结构，紧紧抓住培养、吸引、用好人才三个环节，积极开发满足企业发展需求的各类人才。2016 年 1 月 15 日，《人民日报》发表《科技五化保平安》署名文章，介绍了中建总公司在贯彻新《中华人民共和国安全生产法》，通过科技兴安，推进安全防护标准化、安全管理信息化、安全教育多样化、设备管理科技化、绿色施工常态化过程中的"五化"经验。在全国安全生产工作会议上，中建总公司代表全国企业，与国务院领导、安委会成员、国家安监总局和各省市交流经验，播放《安全在中建、科技保平安》专题视频影片。以下针对中建总公司已有的生产安全风险管控方法或措施，采用 WSR 方法论的观点进行系统分析。

7.4.2　物理层面风险管控分析

在物理层面，中建总公司对生产设备、重大危险源、安全防护设施的安全管理，采取了先进、有效的方法。集中体现在以下几个方面。

（1）推行现场标化管理，严防危险性较大工程风险。在全集团范围内推行安全管理"均质化"，全面落实安全防护标准化，2010 年编制发布了《中国建筑施工现场安全防护标准图集》，2014 年发布了《中国建筑施工现场安全防护标准图集修订版》，目前一些单位安全标准化率达到 90%，创建了一批在全国有影响、在地方树标杆的安全文明工地。

（2）严控危险性较大的分部分项工程，实行关键工序上级验收制度，各工程局相继印发了《危险性较大工程安全管理办法》，严监督细排查；各项危大工程方案制订、实施、验收等关键工序，除项目经理部自检外，还要求必须向上级单位逐步报检，待上级单位多部门联合检查通过后，方可进行下道工序。

（3）重点防控大型设备各项风险因素，强制推行群塔作业防碰撞系统、施工电梯人脸、指纹识别系统等，人防物控多举措并行，实现大型设备本质安全。全系统各级建立了危险性较大的分部分项工程台账，并整理分析，对于前五项重大危险源，通过办公平台、微信群、QQ 群等新媒体及时发布预警信息，监控、解决施工过程中产生的问题。

（4）为强化作业现场视觉宣传，规范安全标语，发布了"中国建筑安全生产标语30 条"。在施工全过程中，针对辨识出的危险源，在重点及关键部位布置相应的安全标识和标语，提醒施工作业人员该作业环境的危险性和应对措施，准确快速传递信息。

（5）对于施工现场内的各种运输道路、生产生活房屋、易燃易爆仓库、材料堆放，以及动力通信线路和其他临时工程，绘出合理的平面布置图；各种临时设施必须避开泥沼、悬崖、陡坡、泥石流等危险区域，选在水文、地质良好的地方搭建。对于易燃易爆物品储存仓库、发电机房、变电所等，采取必要的安全防范措施，符合防火、防洪、防风、防爆、防震的要求。同时，对于临建设施和生产厂房的搭设制定统一标准，全面推行临建升级工作，为作业人员提供良好的施工作业环境。对现场各类材料和半成品的堆码明确规划出相应区域，并严格执行。

7.4.3 事理层面风险管控分析

在事理层面，中建总公司优化了安全标准，完善了基础管理；采用创新模式，加大了隐患治理，营造了安全氛围；奖罚分明，推进责任落地；开展演练，提升了应急能力。具体内容如下。

（1）各工程局建立并实施了"三个标准"（企业管理标准、项目管理标准、岗位管理标准），从企业层面、项目层面、岗位层面明确了生产安全管理的规定、流程和表单；各工程局制定了《安全技术规程》《施工现场安全防护标准化图册》《安全管理创新图册》；同时建立了完备的生产安全管理体系，股份公司设立了安全生产监督管理局，工程局、公司、分公司、项目均配备了安全总监，设置了安全监管部门。

（2）探索监督检查新模式，开拓互联信息新要素。借助"物联网+"的概念，采用监督管理信息化、数控化手段，研发配备了安全检查 APP 移动终端，并与 BIM（Building Information Modeling，建筑信息模型）技术相结合，手机录入安全问题后，通过信息编码自动与 BIM 模型匹配、对接，实现在线检查、整改、复查工作流程。

（3）以全员参与为主抓手，开拓安全文化新氛围。持续开展"安全生产大家讲""安全生产大家论""安全生产大家谈"等系列活动。推行"以培促检查"活动，编印安全培训课件与教材，打造安全管理讲师团队。

（4）将安全文化建设与企业"安全生产平安金（银）奖"及企业专家职级评选相结合。制度的刚性，使蕴含在企业员工中间的创新智慧充分释放，创新力量充分涌动。

（5）明确了对生产安全事故单位和责任人的责任追究标准，并建立了生产安全奖励机制。有的工程局设立了生产安全金、银奖，对生产安全管理较好的单位给予奖励；每年评选生产安全"十佳卫士"，奖励先进个人。部分公司实行项目月度"平安奖"，鼓励全员参与安全。

（6）为提高项目突发事件应急能力，筑牢应急救援之基，要求各单位所属项目根据施工特点，设置应急救援物资库房，并以区域为单位，建立应急物资联网，项目将可根据需要，统一调配应急物资。根据项目各阶段的施工特点，开展有针对性的应急演练，基础设施项目，尤其是水上桥梁、隧道施工，开展针对性的演练、撤离活动。同时，上级单位按照"不打招呼"的方式直插现场，假设施工现场突发紧急情况，考察项目对突发事件的处理能力。

7.4.4 人理层面风险管控分析

在人理层面，中建总公司重视企业主要负责人、中层管理人员和一线作业人员综合安全素质的提高，并采取了一系列措施避免人理层面的安全风险。具体内容如下。

（1）建立总公司安全生产委员会，董事长、党组书记担任安委会主任、总经理担任安委会常务副主任，并定期召开安委会会议，研究、决策安全生产重大事项。建立领导带班制度，督促各级领导安全带班工作的开展，并作记录。采用不同方式，加强对各级领导、管理人员以及作业工人的教育。

（2）要求各单位认真组织学习新《中华人民共和国安全生产法》，牢固树立"以人为本"和"零事故"理念；发出"一封公开信"，要求各子企业负责人认真履行安全岗位职责，努力营造学法、知法、用法、守法的浓厚氛围；汇编一份生产安全宣贯材料，下发至各级企业，令其全面学习贯彻落实。

（3）通过开展安全工程师实训营、安全教育培训大赛、安监人员终身学习计划等活动，提高从业人员的综合素质和专业能力。针对作业工人，引入体验式安全教育、移动式多媒体工具箱等安全教育方式。开展生产安全月活动，通过安全月启动、安全法规宣传、安康杯知识竞赛、青年安全示范岗等多种活动，提高广大职工的安全意识。通过"三严三实"活动，提高了政治素质和业务素养，提升了为基层服务的意识和能力。

通过以上分析可知，中建总公司的生产安全管理针对每一层面的安全风险，均采取了具有一定创新性的管控措施，取得了良好的风险管控效果。中建总公司的安全管理工作与基于 WSR 方法论的安全风险管控模式较接近。在物理层面，推行现场标化管理、严控危险性较大的分部分项工程、重点防控大型设备各项风险因素等；在事理层面，探索监督检查新模式、加强安全文化建设等；在人理层面，牢固树立"以人为本"和"零事故"理念、开展安全工程师实训营等。这些细致、创新的安全风险管控工作经过相互联系、耦合作用，提高了企业抵御安全风险的能力，进而对预防事故的发生起到了良好的作用。

7.4.5 基于系统动力学的风险管控分析

针对中建总公司生产安全管控水平的调查问卷结果（附录 3），将模型中状态变量的初值设定为调查到的分值，将调查的企业实际分值与模拟分值对比，计算模型模拟误差，如表 7.5 所示。所考察的 10 个指标中，所有误差率均低于 5%，证明模型拟合良好，精度可以接受；将 80 分作为潜在企业风险管理目标。

表 7.5 部分指标调查分值及误差分析表

序号	指标	当前分数	模拟分值	误差率
1	企业安全法规制度完善程度的分数	80	78.8	1.5%
2	企业安全文化建设水平的分数	50	50.42	0.8%
3	企业安全教育水平的分数	70	70.84	1.2%
4	企业安全奖金工作的分数	50	52.25	4.5%
5	企业安全投入的充足程度的分数	75	76	1.3%
6	企业安全员的能力水平的分数	80	设定 80	
7	企业负责人对安全的重视程度的分数	95	设定 95	
8	设备设施硬件水平的分数	85	设定 85	
9	政府安监部门隐患排查水平的分数	80	设定 80	
10	企业安全员的隐患排查的分数	85	88	3.5%
11	安全风险预控工作的分数	75	73	2.7%
12	班组的日常隐患排查的分数	70	68	2.8%
13	政府安监和企业应急响应的分数	80	设定 80	
14	企业应急物资配备水平的分数	85	设定 85	
15	企业物的安全状态水平的分数	80	80.68	0.85%
16	企业事故应急响应水平的分数	85	84.08	1.08%

　　将模型的时间设定为 2016~2080 年，根据模型初值分数，可知中建总公司的安全文化建设和安全奖金水平还需进一步提高。因此，为了提高企业生产安全风险管控水平，制订干预方案，见表 7.6。根据表 7.6 设计的方案，应用模型进行模拟运行，得到的调控效果如图 7.6 所示。

表 7.6 多项安全监管干预方案设计

干预方案指标	干预方案指标	基础值	设定值	仿真模型
企业安全文化建设水平的分数	安全文化投入比例系数	0.7	0.9	current1
企业安全奖金工作的分数	安全奖金投入比例系数	0.5	0.7	

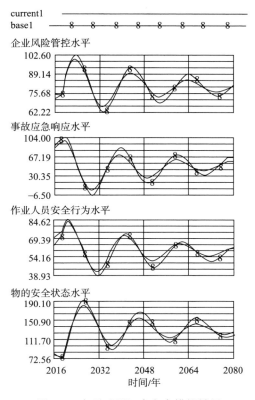

图 7.6　多项干预组合方案模拟效果

　　由图 7.6 可知，所观察的 4 个指标均呈现波动状态，并收敛于某一特定数值。其中企业风险管控水平和物的安全状态水平收敛水平高于初值水平；作业人员安全行为水平和事故应急响应水平的收敛水平与初值水平相差不大。多项干预方案的模拟效果 current1 短期阶段，企业风险管控水平、作业人员安全行为水平在干预方案的作用下，均优于基本模型的状态水平，证明制订的安全干预方案有效。长期考察，由于潜在的风险管控目标固定，各风险收敛值差别不大。

　　在对中建总公司安全风险管控的分析中，通过进一步调整系统动力学模型个别系数，针对企业的实际情况对模型进行了赋值和模拟，得到了有针对性的提高企业生产安全风险管控水平的多项对策措施，对企业实际工作的展开具有借鉴意义。

7.4.6　结果与讨论

　　综合以上分析，中建总公司针对企业生产系统存在的风险因素，进行了细致的安全风险管理工作。企业生产安全风险管控模式与 WSR 方法论的基本观点相一致，有效地控制了生产系统各方面风险因素的演化，且中断了它们之间的耦合作用关系，因此其总体安全风险管控水平较高，较为有效地预防了生产事故的发生。该模式与 WSR 方法论的观点相吻合，有效增强了全集团的安全管理水平，大大提高了危险源管理、隐患管理、人员素质管理的效率，提升了企业防控事故的能力。通过调查问卷的方法，得到企业在安全文化建设和安全激励方面存在进一步提高的空间。通过采用系统动力学模型进一步仿真模拟可知，对企业的安全文化建设和安全奖金水平进行同时干预，可提高企业的安全风险管控水平，验证了生产系统中多项干预措施的耦合性，这对其他企业开展安全风险管控工作具有指导意义。

7.5　中化集团安全风险管控案例分析

7.5.1　企业基本情况

中化集团成立于 1950 年，前身为中国唯一的化工进出口总公司，历史上曾为中国最大的外贸企业。集团主业分布在能源、农业、化工、地产和金融五大领域，是中国四大国家石油公司之一，是最大的农业投入品（化肥、种子、农药）一体化经营企业和领先的化工产品综合服务商，并在高端地产酒店和非银行金融领域具有较强的影响力。作为一家立足市场竞争的综合性跨国企业，中化集团提供的优质产品和专业服务广泛应用于社会生产和人们衣食住行的方方面面，其品牌在国内外享有良好声誉。多年来中化集团坚持不懈推进战略转型和管理变革，实现了企业持续、健康、快速发展，在国务院国有资产监督管理委员会业绩考核中，连续十一年、连续三个任期均被评为 A 级。

全球五万多名员工秉持"创造价值、追求卓越"的核心理念，努力恪守企业公民的社会责任，致力于科学发展、和谐发展、绿色发展，矢志打造长青基业，持续为利益相关方及社会大众创造福祉。随着战略转型的开始，为保障各板块业务蓬勃发展，集团始终将生产安全作为履行社会责任的重要内容，将其视为企业长期、快速、可持续发展的基本条件和最有力支撑，深刻认识到"做好生产安全工作不一定能成就一家公司，但如果做得不好，一旦发生重大事故，却足以毁掉一家公司"，把生产安全上升到关系国家和社会和谐稳定的高度，努力构建生产安全管理的长效机制。

中化集团一直将其安全管理理念作为开展生产安全工作的方向和指引。通过持之以恒地践行安全管理理念，统一集团全员对生产安全工作的认识，规范安全管理行为，从而形成具有企业特色的安全文化。中化集团安全管理理念具体包括：①安全不仅仅是经济责任和法律责任，更是社会责任；②安全是企业生存的基础和发展的保障；③安全需要以系统和科学的方法管理；④管理层的领导力和承诺是取得生产安全优异业绩的关键；⑤风险管理是安全管理的核心；⑥人员的持续培训和跟踪强化是培养安全意识和习惯的有效途径；⑦所有的缺陷都必须及时纠正；⑧应急和危机管理是安全管理的重要组成部分；⑨安全管理绩效可以衡量与测评；⑩安全管理是一个持续改进的过程。

　　近年来，中化集团的生产安全工作，具体可以概括为"123456管理法"：1——实行一种管理模式：生产安全风险系统化管理模式。2——确立两大工作目标：事故控制目标；战略管理目标。3——实施三大行动：生产安全管理改善行动；安全管理队伍改善行动；应急管理改善行动。4——开展四项建设：信息化建设；本质安全建设；安全班组建设；安全文化建设。5——五个"一"战略目标：建设一个好机制；建立一套好制度；打造一个好队伍；创造一个好绩效；培养一种好文化。6——实施"六大保障"：组织保障；能力保障；制度保障；责任保障；工作保障；资金保障。以下针对中化集团已有的生产安全风险管控方法，采用 WSR 方法论的观点进行深入分析。

7.5.2　物理层面风险管控分析

　　在物理层面，中化集团格外强调设备的全生命周期管理，对从设备尚未投用开始考虑其安全性到设备功能完全丧失而最终退出使用的全过程进行安全管理。但在常态化管理之外，中化集团对设备安全有如下实践。

　　（1）改进与开发设备设施和材料。注重自主技术改进与开发，定期对下属企业开展技改技术培训、指导。进行渐进式技改，不盲目追求进口设备或价格昂贵的特殊材质设备，遵循最低合理可行原则，花小钱办大事。同时，通过制定内部鼓励政策，引导和激励企业开展本质安全提升技改工作。

　　（2）安全附件和安全措施创新。注重从"小零件"入手，从关键、高风险零件入手，提升设备整体安全水平。

　　（3）改进工艺和控制实践。中化集团通过多年的生产实践，确定了"生产现场严禁跑冒滴漏"的红线要求。通过坚持密闭化控制，下属企业逐步实现物料的零"跑冒滴漏"。同时，坚持自动化改造。中化集团一贯强调"机械化""自动化"。自国家安全生产监管总局开展"机械化换人、自动化减人"活动以来，更是积极组织下属企业利用各种技术手段逐步对现场进行自动化改造，改善员工工作条件；以远程自动控制替代现场人工操作，减少员工接触时间与频次，降低劳动强度和作业风险。

　　（4）规范设备器具目视化。制定标志标识管理制度，对设备、管道、机泵、阀门、仪表等生产设施进行标志和标识。设备标识牌包括设备位号、出厂编号、设备名称、工艺介质、所属装置、维护人等信息。管道标识包括管线号、介质状态、流体名称、流向箭头等信息。机泵标识牌包括名称、位号、型号、介质、电机功率、维护人、制造厂家等信息。阀门标识牌包括阀门名称、工艺介质、介质流向、维护人、阀门型号等信息。按照5S要求，对所有工器具进行定置管理。工器具分类摆放，标识统一。工器具存放柜门采用透明材质，做到可视化，存放区划工具形状或设标签，柜门上张贴工具一览表，详细注明工器具数量、型号等内容。各种需要定期检验的工具上，在其明显位置粘贴有校验（检查）日期、检验状态（合格/不合格）的标签，以显示该工器具的合规性。

（5）规范库房管理目视化。通过库房分库、库中分区，物资按照"库、区、架、位"摆放和标识，规范物资管理。按照物资类别设置不同库房，如五金、电仪及应急物资库、原料和产品库等。库房内物资定置摆放，场地划黄线隔离，区域内设置标识牌，注明名称、型号、数量、有毒有害等信息。

（6）规范厂区环境目视化。通过颜色、警示和指示标志等来规范厂区环境。厂房外观颜色为浅黄色、楼顶周围一圈刷深蓝色，护栏、作业平台、扶手、防撞墩、消防通道等按照规定喷涂指定颜色。现场长期使用（超过一个月）的消防器材、急救设施等物件，摆放在指定的安全位置，并对物件的摆放位置做出标识（在周围画线或以文字标识）。在各类作业区域设置各种提醒和警示标识，如未穿戴劳保用品禁止进入、禁止吸烟、防爆、防中毒、防腐蚀、消防应急逃生等指示。PPE区域设有安全警戒线，生产区域设置门禁系统，凭卡进入。楼梯两侧设扶手，并配有"上下楼梯扶好扶手"的语音提示。在检维修区域设置警戒线。在容易造成人员坠落、有毒有害物料喷溅、路面施工以及其他防止人员随意进入的区域使用护栏进行隔离。

7.5.3 事理层面风险管控分析

在事理层面，中化集团注重从管理授权、风险预控、激励奖惩、有效沟通四个层面进行生产安全的风险管控，具体如下。

（1）授权促进能力提升实践。第一，属地管理授权。公司贯彻执行"直线责任"和"属地管理"的理念。通过层层授权，从公司到部门（车间）、班组、个人，赋予每位员工属地管理权，保证员工在履行本岗位具体工作任务时，充分考虑HSE要求，符合HSE的标准和规范。划分属地范围、明确属地主管、落实属地职责，实现管理横向到边、纵向到底。以岗位职责范围划分属地并落实属地主管，充分考虑场地、设备设施、生产和HSE管理等多个维度，在对应属地的醒目位置设置属地管理区域和主管标识牌。属地主管包括部门经理（车间主任）、主管（技术员）、班长和普通员工，他们是属地的直接管理者，全面推行"我的属地我负责"的理念，落实直线责任。第二，无边界管理授权。无边界管理的前提和基础是清晰的属地责任。在此基础上，推行无边界管理，对属地管理进行有效补充，提高管理的灵活性和主动性。无边界管理是在执行层面上打破部门间、上下级间的行政界限，动员全员参与公司的管理，献计献策，对不安全条件和行为说"不"。公司推行 HSE 管理"不畏上、不畏权，人人都是安全员"的原则。全员提出合理化建议，参与行为安全观察与沟通，汇报不安全状态和不安全行为，有权叫停"三违"行为，落实全员 HSE 监督权。第三，日常管理授权。首先，授予 HSE 总监决策权。HSE 总监作为公司核心管理团队成员，受中化蓝天集团 HSE 部和公司总经理的双重考核，全面负责公司日常 HSE 管理。当利润、产量、进度、成本与 HSE 发生矛盾时，总经理充分授权 HSE 总监进行决策。其次，授予 HSE 管理部门监督管理权。借鉴国内外先进管理理念，强化 HSE 部门监督管理职责，改变以往"HSE 只是 HSE 部门的事"这种理念。最后，授予重点项目管理权。通过充分授权，激励有责任、有能力的人员承担跨部门、跨职责的重点项目，并赋予其管理权限，让其得到锻炼，提高其领导力。

（2）风险管理实践。中化集团通过常年开展重大风险隐患清单辨识等活动，采用技术手段，持续规范一线风险管理。第一，重点规范风险预警因素和影响系数。成立专项工作小组，组织内外部专家进行论证，系统剖析企业的生产特点和操作风险，参考行业经验、事故事件案例，结合企业实际情况，确定合理的风险预警因素及影响系数。第二，统计分析数据。定期对数据进行统计分析，有条件的企业自主开发或购置"生产安全预警预报数据自动处理系统"，用于数据计算并绘制"安全风向标"。第三，应用预警信息。定期公布安全预警数据，并对安全预警值的高低进行分析，找出安全风向标偏移的原因，并将数据统计和分析的结果按照等级进行反馈，制定并实施措施。同时，跟踪安全风向标偏移整改措施的落实及效果，通过下阶段安全预警值的变化来验证措施的有效性。

（3）激励与奖惩实践。第一，进行目标激励。中化集团 2015 年开始独立的生产运营管理，建立完善的生产运营考核制度，考核内容包括各装置能耗、物耗、产品质量、装置负荷、装置开工率、非计划停车等。下属企业根据各装置历史记录并参考同类生产装置数据，确定各装置年度和月度目标指标，并将其分到部门（车间）、班组及个人。对目标指标完成情况按月进行考核，考核结果与部门、班组及个人绩效挂钩并及时通报。企业对没有完成目标指标的部门、班组及个人给予相应的经济惩罚，对超额完成目标指标的部门和个人，给予额外奖励。在目标指标月度考核结果的基础上，对全员实施年度考核、奖励。第二，合理化建议奖励和"三违"惩罚。灵活运用正面激励和反面约束，引导员工正确的 HSE 行为。确定全员合理化建议年度目标，鼓励全员提出合理化建议，及时对合理化建议进行奖励，每月对合理化建议进行统计，评选出"精益之星"，在公司食堂张贴公示。坚守"红线"意识，对"三违"零容忍。将"三违"行为同个人的绩效挂钩，发生"三违"行为，按照次数和严重程度在绩效考核时予以兑现。第三，即时表扬。中化集团下属企业由于行业特点，大多数规模不大。鼓励下属企业建立不同形式的沟通平台，如 QQ 群、微信群、邮件群等，对表现良好的员工进行及时点名表扬并推广。即时表扬会比物质奖励效果更好。第四，荣誉激励。结合年度经营活动，有针对性地制订企业评先评优方案，设立多种评优评先奖项："先进集体""安全先进部门和班组""明星班组""先进工作者""精益之星""安全之星""操作之星""创新之星""宣传之星""优秀师徒""优秀新员工"等，召开表彰大会进行宣传，树立典型。同时，推荐员工参加上级主管单位评优。推通过逐层选拔、推荐优秀员工参加各种技能比赛，对获得推荐资格的人员进行荣誉奖励，并将其纳入后备人才库。第五，职务激励。通过考察员工日常表现，对优秀人才进行重点培养和跟踪指导，建立公司后备人才库，尽可能为后备人才提供更多的晋升机会。安排后备人才进行挂职锻炼，考察和锻炼其团队管理及解决问题的能力，并根据其挂职表现确定人才培养方向。公司为晋升职务者设定试用期，当试用期满后，公司组成考评组对其进行多维度考评。通过考核者正式晋升，对未通过者，考评组与其沟通交流，查问题、找差距，确定下一步培养方向。

（4）无障碍沟通实践。第一，开展沟通技能提升系列活动。通过开展项目集训、案例演练和经验分享活动，提升沟通技巧和技能，实现无障碍沟通。第二，多种途径促进沟通交流。建立信息共享中心，各部门将共享的资料上传到信息共享中心对应的模块；同时各部门在权限内进行访问和下载。建立各种 QQ 群和临时讨论组，每个群/组有固定的管理员，负责群/组里信息的整理和工作提醒，通过网络交流群和讨论组，员工利用零散时间灵活机动讨论问题，领导能快速下达指令，提高工作效率，保证意见和建议得到及时反馈。第三，合理化建议。面向全体员工征集合理化建议，提高员工对企业经营管理的参与度。收集的合理化建议按照部门与企业两级评审反馈，采纳的建议 100%实施，未采纳的100%反馈。第四，工会群众监督。建设"学习型、创新型、服务型"工会组织，积极参与公司经营活动。例如，开展"为员工办实事"提案征集，广泛调研员工的意见和建议，从中选出代表性强、关注度高的"提案"，将其作为工会年度工作的重点并加以跟踪。

7.5.4　人理层面风险管控分析

在人理层面，中化集团将人的安全素养作为企业提升安全管理"软实力"，不断规范企业人员的安全行为，使管理人员的安全领导能力和员工安全归属感显著增强，使员工的作用安全行为不断规范；使生产现场作业环境更加安全、有序。主要体现在如下几个方面。

（1）规范人员穿戴目视化。用安全帽颜色和工作服来区分人员。员工佩戴黄色安全帽、着工作服；外来施工人员佩戴蓝色安全帽、着其公司的工作服；访客佩戴红色安全帽、着工作服。员工经安全和技能培训、考核合格后，发放工作证；访客经入厂安全教育后，发放访客证；承包商员工经入厂安全教育和专业HSE 培训并考核合格后，发放承包商安全证。内部员工、承包商员工的证件信息包括单位、部门、姓名和照片等，承包商安全证清晰注明培训有效期。

（2）有感领导实践。增加领导在 HSE 工作中投入的时间。中化集团践行"时间产生领导力"的理念，即"投入某项工作的时间与对该项工作关注程度呈正比"。各级领导持续增加在HSE 管理工作中投入的时间，大大提高了领导层的执行力。

（3）勇于听取下属评价并改进。以"领导自我感觉好不算好，下属感觉好才算好"为出发点，在员工中开展领导风格调查和评价，收集员工对领导的看法和改进建议，从基层员工的角度审视自己，从而提高自身领导能力。

（4）员工安全意识和能力提升实践。中化集团制定安全培训管理制度，对安全培训进行明确要求，主要包括三部分：一是培训矩阵化。下属企业根据自身实际，进行自上而下的培训需求调查，同时员工根据个人发展计划自下而上提出个性化培训需求，包括基本培训需求、提升培训需求和特殊培训需求等。人力资源部进行汇总、分析，结合企业生产经营实际，形成培训需求矩阵，直观显示本年度不同岗位培训内容、培训方式、培训时长和培训时间等信息。通过培训需求分析，由企业领导与人力资源部确定企业班组长以上员工的年度培训计划，由人力资源部与各部门负责人确定部门内员工的年度培训计划。培训矩阵一般分部门、分岗位和人员直观显示全员的年度培训内容，包括培训课程、培训受众、培训周期、培训学时、掌握程度、培训方式和培训师资等。二是实现培训对象全员化。从新员工入职培训、员工转岗培训、员工再培训三个层面开展培训，建立全员培训档案，详细记录员工既往培训和评估情况。同时，从 2016 年开始，中化集团加大下属企业主要负责人和分管领导培训力度。实施"HSE领航计划"，强化领导力；加大HSE 管理人员培训力度，实施"HSE 教练计划"。三是培训形式多样化。第一类是"见缝插针"型。集团下属企业在食堂、司机休息室、洗手间、岗位休息室等处设置多媒体播放设备，不间断播放HSE 教育视频，利用碎片时间灌输安全理念。第二类是寓教于乐型。对大量的电影视频资料进行剪辑，不间断植入 HSE "宣传广告"，供外来司机在休息时观看，司机在观看电影大片的同时获得 HSE 培训和教育。定期开展各个层面的HSE知识竞赛、技能比武等活动，设置多种奖励方式，进一步激发员工参加 HSE 培训的积极性。第三类是即时激励型。通过开展有奖抢答、课程评估反馈有礼品等形式，鼓励全员参与 HSE 培训。

（5）培训讲师内部化。为了挖掘人力资源，有效传承知识、技能和经验，帮助员工改善工作、提高绩效，中化集团组织开展 TTT 培训（training the trainer to train），在内部选拔内部讲师队伍。内部讲师通过内部授课，不断积累授课经验。同时，有针对性地将内部培训师外派接受外部培训，提升其知识技能和授课技巧。制定《内部讲师管理办法》，对内部讲师进行聘任，并给予其授课补贴，提高内部讲师授课积极性。

通过以上分析可知，中化集团的安全管理工作与基于 WSR 方法论安全风险管控模式相接近。在物理层面，强调设备的全生命周期管理，对从设备尚未投用开始考虑其安全性，到设备功能完全丧失而最终退出使用的全过程进行安全管理。在事理层面，注重从管理授权、风险预控、激励奖惩、有效沟通四个层面进行生产安全的风险管控。在人理层面，将人的安全素养作为企业提升安全管理"软实力"，不断规范企业人员的安全行为，使生产现场作业环境更加安全、有序。这些细致、创新的安全风险管控工作经过相互联系、耦合作用，提高了企业抵御安全风险的能力，进而对预防事故的发生起到了良好的作用。

7.5.5 基于系统动力学的风险管控分析

对中化集团的生产安全风险管控水平调研结果见附录 3，其中安全奖金的初值也很少，仅有 50 分，与中建总公司相似，参照中建总公司的模型运行结果，可知短期内提高安全奖金能够促进安全监管水平的提高，但长期观察，并不能起到本质作用。而提高"潜在企业风险管控目标"，才是从全局层面、根本上提高企业安全监管水平的良策。此案例应用系统动力学模型的研究过程同前面几个案例分析过程相似，由于篇幅所限，不再详细分析。

7.5.6 结果与讨论

综合以上分析，中化集团现有的安全风险管控工作，针对企业生产系统存在的风险因素进行了细致的风险管理工作。企业生产安全风险管控模式与 WSR 方法论的基本观点相一致，有效地控制了生产系统各方面风险因素的演化，且中断了它们之间的耦合作用关系，因此其总体安全风险管控水平较高，较为有效地预防了生产事故的发生。中化集团将安全管理从原始的行政监督管理机制中解脱出来，探索出一套符合企业实际、员工大力参与和支持的生产安全风险管控新模式。而该模式，与 WSR 方法论的观点相吻合，取得了提升全员安全意识、能力和企业凝聚力，改善了企业本质安全水平，降低了企业生产安全风险，实现了对生产安全风险的最终管控的效果。根据调查问卷方法，可发现中化集团还需进一步提高的薄弱环节，采用系统动力学的方法，可实现多个干预措施对安全风险管控水平的影响分析，为提高企业抵御安全风险的能力提供了较为有效的技术路径。

7.6 本章小结

　　本章从正、反两个方面，通过先后对中石化、某企业集团、中建总公司、中化集团的案例分析可知，企业在对生产安全风险进行管控时，应从物理、事理、人理三个层面进行综合管理，同时也验证了基于 WSR 方法论的风险管控模式的有效性与重要性。大型企业的生产事故是物理、事理、人理三个方面风险因素综合作用的结果，只有将这三个层面的安全管理工作做好，才能有效地预防事故的发生。企业中物理、事理、人理三个层面的风险因素通过相互影响与耦合作用，使安全风险管控工作成为一个复杂的系统工程。因此，企业应以安全生产管理网络、安全理念及文化氛围为基础，以零风险管理为目标导向，采用闭环实施程序，针对物理、事理、人理层面的风险因素进行全面、动态控制，不断追求物理的本质安全化，事理的运行科学化，人理的决策最优化、行为规范化，才能保障安全生产的顺利进行。

参 考 文 献

[1] 李生才，笑蕾. 2016 年 5-6 月国内生产安全事故统计分析[J]. 安全与环境学报，2016，
    （2）：395-396.

[2] 史培军，邵利铎，赵智国，等. 中国大型企业综合风险管理战略与模式[J]. 自然灾害学报，
    2008，（1）：9-14.

[3] Dickinson G. Enterprise risk management：its origins and conceptual foundation[J]. Geneva
    Papers on Risk & Insurance Issues & Practice，2001，26（3）：360-366.

[4] 许谨良，周江雄. 风险管理[M]. 北京：中国金融出版社，1998：12-16.

[5] 胡宣达，沈厚才. 风险管理学基础——数理方法[M]. 南京：东南大学出版社，2001：
    45-51.

[6] 周放生. 解读《中央企业全面风险管理指引》[J]. 陕西电力，2007，35（3）：6-8.

[7] 王农跃. 企业全面风险管理体系构建研究[D]. 河北工业大学博士学位论文，2008.

[8] Grote G. Understanding and assessing safety culture through the lens of organizational
    management of uncertainty[J]. Safety Science，2007，45（6）：637-652.

[9] Mearns K，Whitaker S M，Flin R. Safety climate，safety management practice and safety
    performance in offshore environments[J]. Safety Science，2003，41（8）：641-680.

[10] Rasmussen J. Risk management in a dynamic society：a modelling problem[J]. Safety Science，
    1997，27（2）：183-213.

[11] Khan F I，Husain T. Risk assessment and safety evaluation using probabilistic fault tree
    analysis[J]. Human & Ecological Risk Assessment，2001，7（7）：1909-1927.

[12] 严复海，党星，颜文虎. 风险管理发展历程和趋势综述[J]. 管理现代化，2007，（2）：
    30-33.

[13] Hale A R，Heming B H J，Carthey J，et al. Modelling of safety management systems[J]. Safety
    Science，1997，26（1）：121-140.

[14] Dionne G，Chun O M，Triki T. Risk management and corporate governance：the importance of
    independence and financial knowledge[J]. Social Science Electronic Publishing，2012，87（2）：
    709-711.

[15] Redman A D, Parkerton T F, Comber M H, et al. Petrorisk: a risk assessment framework for petroleum substances[J]. Integrated Environmental Assessment & Management, 2014, 10（3）: 437-448.

[16] Ghirardini A, Cardone R, de Feo A, et al. National policies for risk management in Italy[J]. Transplantation Proceedings, 2010, 42（6）: 2181-2183.

[17] 吴丽萍. 模糊综合评价方法及其应用研究[D]. 太原理工大学硕士学位论文, 2006.

[18] 李霞. 企业年金市场化运作风险管理研究[D]. 武汉大学硕士学位论文, 2005.

[19] 陈秉正. 论风险管理概念演变的影响[J]. 保险研究, 2002, （6）: 15-16.

[20] 崔承天. MORT技术——一种现代化的安全管理方法[J]. 管理观察, 1995, （4）: 57-57.

[21] 杨乃定, 姜继娇, 蔡建峰. 基于项目的企业集成风险管理框架研究[J]. 管理评论, 2003, 15（3）: 40-43.

[22] 马志祥. 油气长输管道的风险管理[J]. 油气储运, 2005, 24（2）: 1-7.

[23] 李其亮, 毕军, 杨洁. 工业园区环境风险管理水平模糊数学评价模型及应用[J]. 环境保护, 2005, （13）: 20-22.

[24] 汪立忠, 陈正夫. 突发性环境污染事故风险管理进展[J]. 环境工程学报, 1998, （3）: 14-23.

[25] 国务院国有资产监督管理委员会. 中央企业全面风险管理指引[Z]. 2006-06-20.

[26] Olsson R. In search of opportunity management: is the risk management process enough? [J]. International Journal of Project Management, 2007, 25（8）: 745-752.

[27] Rejda G E. Principles of Risk Management and Insurance[M]. Beijing: China Renmin University Press, 2012: 85-103.

[28] Gates S. Incorporating strategic risk into enterprise risk management[J]. Post-Print, 2006, 18（4）: 81-90.

[29] Tworek P. The risk management system as a source of information and knowledge about hazards in construction companies-selected theoretical aspects[J]. Risk Management, 2009, 1（1）: 398-407.

[30] Lewis-Beck M S, Alford J R. Can government regulate safety? The coal mine example[J]. American Political Science Association, 1980, 74（3）: 745-756.

[31] Weir C, Laing D, Mcknight P J. Internal and external governance mechanisms: their impact on the performance of large UK public companies[J]. Journal of Business Finance & Accounting, 2002, 29（5~6）: 579-611.

[32] Rogers K S. Worker protection, Japanese style: occupational safety and health in the auto industry, by Richard E. Wokutch[J]. Labour, 1994, 34（2）: 534.

[33] Lincoln J R, Hanada M. Cultural effects on organizational structure: the case of Japanese firms in the United States[J]. American Sociological Review, 1978, 43（6）: 829-847.

[34] 李贺松. 安全风险管控体系及系统研究[D]. 华北电力大学硕士学位论文，2012.

[35] 刘波. 大型冶金企业风险管控研究[D]. 天津大学硕士学位论文，2014.

[36] 罗富荣. 北京地铁工程建设安全风险控制体系及监控系统研究[D]. 北京交通大学博士学位论文，2011.

[37] 杨树才. 城市轨道交通工程建设安全风险管理体系研究[J]. 现代隧道技术，2014，（1）：1-7.

[38] 高丽. 延长气田 LNG 液化厂安全风险管理研究[D]. 西安石油大学硕士学位论文，2014.

[39] 李光荣. 国有煤炭企业全面风险演化机理及管控体系研究[D]. 中国矿业大学（北京）博士学位论文，2014.

[40] 任乃俊. 基于过程控制的安全风险管控理论与实践研究[D]. 中国矿业大学（北京）硕士学位论文，2015.

[41] 贾索. 中小型机场安全风险管理研究[D]. 云南大学硕士学位论文，2011.

[42] 冯根尧. 开放复杂巨系统及方法论[J]. 陕西理工学院学报（社会科学版），1997，（4）：18-21.

[43] 王寿云. 开放的复杂巨系统[M]. 杭州：浙江科学技术出版社，1996：72-81.

[44] 中森义辉，中山弘隆，椹木义一. 新系统方法入门——西那雅卡方法论[M]. 东京：欧姆社，1987：16-19.

[45] 钱学森，许国志，王寿云. 组织管理的技术——系统工程[J]. 上海理工大学学报，2011，33（6）：520-525.

[46] 谢力同. 论事理数理学的发展[J]. 经济数学，2003，20（1）：1-7.

[47] 顾基发，唐锡晋. 物理-事理-人理系统方法论理论与应用[M]. 上海：上海科技教育出版社，2006：7-17.

[48] 高飞. 物理-事理-人理系统方法及其应用[M]. 北京：中国社会科学院，2000：12-19.

[49] 顾基发. 从运筹学到系统工程到系统科学——怀念许国志先生的学术点滴[J]. 系统科学与数学，2009，29（11）：1437-1440.

[50] 马国强. 基于东方系统方法论的企业安全评价应用研究[D]. 河南科技大学硕士学位论文，2011.

[51] 李犇. 基于物理-事理-人理的城市交通一体化研究[D]. 兰州交通大学硕士学位论文，2013.

[52] 姬荣斌，何沙，钟雄. 油气企业安全生产的 WSR 模型及其分析研究[J]. 中国安全科学学报，2013，（5）：139-144.

[53] 张强，薛惠锋. 基于 WSR 方法论的环境安全分析模型[J]. 中国软科学，2010，（1）：165-174.

[54] 朱永利，方振东. 基于 WSR 方法论的军事环境安全策略研究[J]. 后勤工程学院学报，2013，（3）：42-47.

[55] 杜晓梅，罗昭源，张银平. 基于 WSR 的海外油气田开发项目的风险管理研究[J]. 西南石油大学学报（社会科学版），2012，（6）：1-5.

[56] 王磊，陈国华. 基于 WSR 方法论的企业安全管理研究[J]. 中国安全生产科学技术，2008，（1）：112-115.

[57] Hou S，Bao Y，Liu Y，et al. Feasibility study on application of WSR system methodology in CHINA ITS implementation[J]. J Society of Instrument & Control Engineers，2007，47（3）：676-685.

[58] Zhu Z. Dealing with a differentiated whole：the philosophy of the WSR approach[J]. Systemic Practice & Action Research，2000，13（1）：21-57.

[59] Renn O，Schweizer P J. Inclusive risk governance：concepts and application to environmental policy making[J]. Environmental Policy & Governance，2009，19（3）：174-185.

[60] Marttila T. Whither governmentality research？A case study of the governmentalization of the entrepreneur in the French epistemological tradition[J]. Historical Social Research，2013，38（4）：293-331.

[61] 黄恒振，谭华中. 基于 WSR 的项目风险管理研究[J]. 项目管理技术，2011，（4）：49-53.

[62] Wang C，Zhu Y. A system dynamics modelling（SDM）application applied for information system investment appraisal（ISIA）—The case study of recreating system dynamics models for domestic manufacturing company（DMC）using STELLA software package[J]. Proceedings of the 2007 Conference on Systems Science，Management Science and System Dynamics：Sustainable Development and Complex Systems，2007，（1~10）：2211-2220.

[63] Wang H Q，Dong Z C，Wu Z. Research on multi-system coupling system dynamics model simulation combining with fuzzy theory[J]. International Conference on Intelligent Computation Technology and Automation，2008，（1）：920-924.

[64] Tako A A，Robinson S. Model development in discrete-event simulation and system dynamics：an empirical study of expert modellers[J]. European Journal of Operational Research，2011，207（1）：784-794.

[65] Silva V M D，Coelho A S，Novaes A G，et al. Remarks on collaborative maritime transportation's problem using system dynamics and agent based modeling and simulation approaches[J]. Adaptation and Value Creating Collaborative Networks，2011，（362）：245-252.

[66] Mingers J，White L. A review of the recent contribution of systems thinking to operational researchand management science[J]. European Journal of Operational Research，2010，207：1147-1161.

[67] 栗建华，王其藩. 基于系统动力学理论建模的教育投资、经济增长和就业问题的研究[J]. 科技导报，2007，（14）：67-71.

[68] 齐丽云，汪克夷，张芳芳，等. 企业内部知识传播的系统动力学模型研究[J]. 管理科学，

2008，21（6）：9-20.

[69] 王其藩，李旭. 从系统动力学观点看社会经济系统的政策作用机制与优化[J]. 科技导报，2004，（5）：34-36.

[70] 汪泓. 社会保险基金的良性运营：系统动力学模型、方法、应用[M]. 北京：北京大学出版社，2008：62-67.

[71] Wei S，Yang H，Song J X，et al. System dynamics simulation model for assessing socio-economic impacts of different levels of environmental flow allocation in the Weihe River Basin，China[J]. European Journal of Operational Research，2012，221（1）：248-262.

[72] Ge F L，Ying F. A system dynamics model of coordinated development of central and provincial economy and oil enterprises[J]. Energy Policy，2013，60：41-51.

[73] 张妍，于相毅. 长春市产业结构环境影响的系统动力学优化模拟研究[J]. 经济地理，2009，23（5）：681-685.

[74] Stewart R W，Fortune J. Application of system thinking to the identification，avoidance and prevention of risk[J]. International of Project Management，1995，13（5）：279-286.

[75] Yang M G，Love P E，Stangbouer G，et al. Dynamics of safety performance and culture：a group model building approach[J]. Accident Analysis and Prevention，2012，48：118-125.

[76] Shin M，Lee H S，Park M，et al. A system dynamics approach for modeling construction workers' safety attitudes and behaviors[J]. Accident Analysis & Prevention，2014，68（2）：95-105.

[77] Makin A M，Winder C. A new conceptual framework to improve the application of occupational health and safety management systems[J]. Safety Science，2006，46（6）：935-948.

[78] Hovden J，Albrechtsen E，Herrera I A. Is there a need for new theories，models and approaches to occupational accident prevention？[J]. Safety Science，2010，48：950-956.

[79] Goh Y M，Love P. Methodological application of system dynamics for evaluating traffic safety policy[J]. Safety Science，2010，50（7）：1594-1605.

[80] Zhang W H，Xu H G，Wu B，et al. Safety management of traffic accident scene based on system dynamics[C]. 2008 International Conference on Intelligent Computation Technology and Automation，2008：482-485.

[81] Pachaivannan P，Arunbabu E，Hemamalini R R. Road accident cost prediction model using systems dynamics approach[J]. Transport，2008，23：59-66.

[82] 吉安民，何沙. 基于系统动力学的井喷事故仿真研究[J]. 中国安全科学学报，2011，21（10）：37-42.

[83] 何刚. 煤矿安全影响因子的系统分析及其系统动力学仿真研究[D]. 安徽理工大学博士学位论文，2009.

[84] 唐谷修. 企业安全管理系统动力学模型与应用研究[D]. 中南大学硕士学位论文，2007.

[85] 张进春，吴超，侯锦秀，等. 石化企业事故率的系统动力学仿真[J]. 安全与环境学报，2006，6（6）：107-111.

[86] 刘业娇，曹庆贵，王文才，等. 煤矿安全管理的系统动力学模型[J]. 煤炭工程，2011，1（8）：126-130.

[87] 许源. 大型企业内部控制设计研究[D]. 太原理工大学硕士学位论文，2006.

[88] 高秀梅. 论企业集团财务管理模式的构建[J]. 中小企业管理与科技，2008，（21）：83-84.

[89] Dai F C，Lee C F，Ngai Y Y. Landslide risk assessment and management：an overview[J]. Engineering Geology，2002，64（1）：65-87.

[90] 普里切特 P. 风险管理与保险[M]. 陈秉正译. 北京：中国社会科学出版社，1998：67-78.

[91] Tomlinson R，Kiss I. Rethinking the Process of Operational Research & Systems Analysis[M]. Oxford：Pergamon Press，1984：76-83.

[92] 张彩江，孙东川. WSR 方法论的一些概念和认识[J]. 系统工程，2001，（6）：1-8.

[93] 牛聚粉. 事故致因理论综述[J]. 工业安全与环保，2012，（9）：45-48.

[94] 钟茂华，魏玉东，范维澄，等. 事故致因理论综述[J]. 火灾科学，1999，（3）：38-44.

[95] 陈宝智，吴敏. 事故致因理论与安全理念[J]. 中国安全生产科学技术，2008，4（1）：42-46.

[96] 付燕平. 化工工艺设备本质安全程度评价模式研究[D]. 沈阳航空工业学院硕士学位论文，2006.

[97] 美国化学工程师学会化工过程安全中心. 化工装置开车前安全审查指南[M]. 北京：清华大学出版社，2010：32-46.

[98] 吴有信，方含珍，潘启章，等. 煤矿地质灾害的地球物理特征与勘察实例[J]. 安全与环境工程，2003，10（4）：53-56.

[99] 姜耀东，潘一山，姜福兴，等. 我国煤炭开采中的冲击地压机理和防治[J]. 煤炭学报，2014，39（2）：205-213.

[100] 吴言军，陈爱新，朱志刚. 地铁房山线的地质、环境风险及防范措施分析[J]. 地下空间与工程学报，2014，10（3）：721-726.

[101] 王培，李新春. 危险源理论及煤矿事故危险源风险分析研究综述[J]. 煤炭经济研究，2008，（11）：76-79.

[102] Chapman R J. The controlling influences on effective risk identification and assessment for construction design management[J]. International Journal of Project Management，2001，19（3）：147-160.

[103] Chapman R J. The effectiveness of working group risk identification and assessment techniques[J]. International Journal of Project Management，1998，16（6）：333-343.

[104] Sadowski E A，Bennett L K，Chan M R，et al. Nephrogenic systemic fibrosis：risk factors

and incidence estimation[J]. Radiology, 2007, 243（1）: 148-157.

[105] Yang H F, Wang M Z, Wang Z M. Study on work ability and its risk factors in chemical plant workers[J]. Journal of Sichuan University, 2004, 35（2）: 255-257.

[106] Hardman R. A toxicologic review of quantum dots: toxicity depends on physicochemical and environmental factors[J]. Environmental Health Perspectives, 2006, 114（2）: 165-172.

[107] Evropin S V, Strelkov B P. Control of the safe operating period of equipment and pipelines in reactor facilities which are in operation or under construction[J]. Atomic Energy, 2007, 103（1）: 560-565.

[108] Chen S, Huang L. Construction and application of shipping accident cause mechanism catastrophe theory model[J]. Navigation of China, 2014, 140（3）: 293-320.

[109] 李万帮, 肖东生. 事故致因理论述评[J]. 南华大学学报（社会科学版）, 2007, 8（1）: 201-206.

[110] 徐德蜀. 安全科学与工程导论[M]. 北京: 化学工业出版社, 2004: 14-19.

[111] 吕品, 王洪德. 安全系统工程[M]. 徐州: 中国矿业大学出版社, 2011: 25-29.

[112] 罗春红, 谢贤平. 事故致因理论的比较分析[J]. 中国安全生产科学技术, 2007, （5）: 111-115.

[113] 傅贵. 安全管理学[M]. 北京: 科学出版社, 2013: 32-39.

[114] Glendon A I, Stanton N A. Perspectives on safety culture[J]. Safety Science, 2000, 34（1~3）: 193-214.

[115] 于广涛. 行为科学关于安全控制的研究述评与未来研究展望[J]. 中国安全科学学报, 2009, 19（3）: 86-92.

[116] 徐德蜀. 安全文化、安全科技与科学安全生产观[J]. 中国安全科学学报, 2006, 16（3）: 71-82.

[117] 王亦虹. 企业安全文化评价体系研究[M]. 天津: 天津大学出版社, 2011: 65-69.

[118] 陈明利. 企业安全文化与安全管理效能关系研究[D]. 北京交通大学博士学位论文, 2012.

[119] 王善文, 刘功智, 任智刚, 等. 国内外优秀企业安全文化建设分析[J]. 中国安全生产科学技术, 2013, （11）: 126-131.

[120] 柳长森, 金浩, 陈健. 中外安全生产管控体系比较研究[J]. 科技促进发展, 2016, （1）: 12-19.

[121] 刘超捷, 汤道路, 傅贵. 澳大利亚 OHS 自律型法律模式探析[J]. 当代法学, 2009, 23（2）: 122-127.

[122] 郭学鸿. 安全生产法律责任制度研究[D]. 重庆大学硕士学位论文, 2014.

[123] 李唐山, 郑军. 煤炭企业安全制度建设存在的问题和对策[J]. 矿业安全与环保, 2007, 34（6）: 85-87.

[124] 李仲学, 李翠平, 刘双跃. 矿山安全法规标准与监管体系的国内外对比分析及其启示[J].

中国安全科学学报，2009，19（3）：55-61.

[125] 唐源. 国内外土木工程安全法律法规体系比较研究[D]. 中南大学硕士学位论文，2012.

[126] 丁烈云，付菲菲. 我国城市轨道交通安全标准体系研究[J]. 施工技术，2010，39（1）：10-13.

[127] 刘振翼，冯长根，彭爱田，等. 安全投入与安全水平的关系[J]. 中国矿业大学学报，2003，32（4）：447-451.

[128] 田水承，杨波，李红霞. 煤矿企业的安全投入与产出[J]. 煤矿安全，2007，38（11）：77-79.

[129] 廖启霞，张礼敬，张礼明，等. 促进我国企业安全投入的对策[J]. 中国安全科学学报，2006，16（7）：61-64.

[130] 高春学，曲志清，张建文. 安全生产隐患排查治理方法探讨[J]. 安全与环境工程，2008，15（2）：112-115.

[131] 席慧瑶. 建筑业事故隐患的界定和排查[D]. 清华大学硕士学位论文，2012.

[132] 刘占乾. 石化企业生产过程隐患排查方式和方法的研究[D]. 天津理工大学硕士学位论文，2015.

[133] 王强. 中国石化开展安全隐患排查治理的方法与成效[J]. 中国安全生产科学技术，2012（S1）：70-73.

[134] 苗金明，冯志斌，周心权. 企业安全管理体系标准模式的比较研究[J]. 中国安全科学学报，2008，18（10）：62-67.

[135] 王飞跃，徐志胜，潘游，等. 企业生产安全事故应急救援预案编制技术的研究[J]. 中国安全科学学报，2005，15（4）：101-105.

[136] Tam C M，Zeng S X，Deng Z M. Identifying elements of poor construction safety management in China[J]. Safety Science，2004，42（7）：569-586.

[137] Wang M X，Li L X，Zhang L L. Study on enterprise-level emergency rescue information system for major hazards[J]. China Safety Science Journal，2007，17（12）：124-128.

[138] 高景毅，陈全，孙旭红. 论事故频发倾向理论的适用性[J]. 中国安全生产科学技术，2012，8（7）：51-55.

[139] 刘国愈，雷玲. 海因里希事故致因理论与安全思想因素分析[J]. 安全与环境工程，2013，20（1）：138-142.

[140] Mearns K，Whitaker S M，Flin R. Safety climate，safety management practice and safety performance in offshore environments[J]. Safety Science，2003，41（8）：641-680.

[141] 王钦，张云峰. 大型企业集团管控模式比较与总部权力配置[J]. 甘肃社会科学，2005，（3）：212-214.

[142] 高子清，周书林. 发达国家职业安全与健康中央监管机构设置探讨[J]. 职业卫生与应急救援，2016，34（1）：86-88.

[143] 袁春晓. 供给链变迁与企业组织形式的演化[J]. 管理世界，2002，（3）：130-136.

[144] 徐德蜀. 安全文化、安全科技与科学安全生产观[J]. 中国安全科学学报，2006，16（3）：71-82.

[145] 陈杰. 安全闭环管理模式的创新与实践[J]. 煤矿安全，2009，40（b11）：20-23.

[146] 朱艳艳. 国外企业员工培训对我国的启示[J]. 经营管理者，2009，（11）：71.

[147] 谭晓莲，王宇，白晓实. 包钢矿浆及供水管道系统管控一体化的实现[J]. 包钢科技，2011，37（5）：50-51.

[148] 北京市地铁运营有限公司. 努力追求零风险[J]. 劳动保护，2014，（9）：22-24.

[149] 徐炜. 企业组织结构[M]. 北京：经济管理出版社，2008：13-19.

[150] 肖坦. 为什么会是"两张皮"？[J]. 企业管理，2011，（10）：32-33.

[151] 范英杰. 利用海因里希事故致因理论分析工程安全事故致因及对策研究[J]. 城市建设旬刊，2011，（1）：85-89.

[152] 金菊良，魏一鸣. 改进的层次分析法及其在自然灾害风险识别中的应用[J]. 自然灾害学报，2002，11（2）：20-24.

[153] 邢福胜. 钢性控制闭环管理在煤矿安全目标管理中的应用[J]. 煤矿安全，2002，33（4）：47-48.

[154] 张明剑. 煤矿安全生产闭环管理技术研究与应用[J]. 煤炭科学技术，2011，39（10）：58-61.

[155] 陈全，邓倩妮. 云计算及其关键技术[J]. 计算机应用，2009，29（9）：2562-2567.

[156] 仇九子. 青岛市"11•22"东黄输油管道泄漏爆炸事故处置分析[J]. 中国应急救援，2014，（1）：43-45.

[157] 张树才，牟善军，赵勇，等. 风险评估和事故调查改进探讨——青岛"11•22"输油管道爆炸事故反思[J]. 安全、健康和环境，2015，（12）：7-10.

附录1　中央企业生产安全风险管控影响因素调查表

尊敬的专家：

　　您好！非常感谢您百忙之中参与此次调查！

　　企业的生产安全风险管控工作是一个复杂的系统工程。以中央企业为例，调研当前各种因素对企业生产安全风险的影响程度以及风险管控水平，对制定科学、合理、有效的安全对策及措施具有重要意义。课题组希望借助您的学识、经验，得到您的宝贵意见，调查表采用无记名方式，结果仅用于研究使用。再次感谢您的支持！

第一部分　基本信息调查

填写说明：

请您回答以下问题，横线处直接写信息，□处打"√"。

1. 您所在企业名称：＿＿＿＿＿＿＿＿＿＿

2. 2015 年营业收入：

　　　　　　□1 000 亿元以下　　□1 000 亿~3 000 亿元　　□3 000 亿元以上

3. 您所在企业所处的安全风险等级（按国务院国有资产监督管理委员会安全监管类别）：

　　　　　　　　　　　□Ⅰ类　　□Ⅱ类　　□Ⅲ类

4. 您所在企业员工总数约为：＿＿＿＿＿＿＿＿＿＿

5. 您所在企业的主要行业类别（2~3 个）：＿＿＿＿＿＿＿＿＿

6. 您的职务类别：□企业负责人　　□安全生产部门负责人　　□其他

7. 您的最高学历：＿＿＿＿＿＿＿＿＿＿

8. 您所学的专业：＿＿＿＿＿＿＿＿＿

9. 您的职称级别：＿＿＿＿＿＿＿＿＿＿＿＿

10. 您从事安全相关工作年限：＿＿＿＿＿＿＿＿＿＿＿＿＿＿

第二部分　企业生产安全风险的影响因素调查表

填写说明：根据您的安全管理经验，请为以下因素对本企业生产安全风险的影响程度打分，分值越高影响程度越大。其中，10分最高，表示该因素对企业生产安全风险影响程度最大；1分最低，表示该因素对企业生产安全风险影响程度最小。

名称	影响程度分值（1~10分）
生产设备因素	
易燃、易爆、有毒、有害物质因素	
作业场所及环境因素	
安全防护设施因素	
法规、标准与安全管理体系因素	
安全生产责任制因素	
安全投入因素	
隐患排查、安全检查因素	
安全文化、安全氛围因素	
安全教育与培训因素	
安全激励与奖惩因素	
应急组织与响应因素	
企业主要负责人因素	
安全管理人员因素	
现场作业人员因素	
政府监管部门因素	
生产安全服务中介因素	
设计单位因素	
企业主管部门因素	
应急救援与消防部门因素	

除以上因素外，您认为对企业生产安全风险影响较大的其他因素还有哪些？

第三部分 企业生产安全指标因素权重调查问卷

填写说明：请根据您的安全管理经验，判断各指标因素的相对重要性，并根据下面的"判断矩阵标度及其含义"表进行评分。

判断矩阵标度及其含义

标度	含义
1	A 与 B 同样重要
3	A 比 B 稍微重要
5	A 比 B 明显重要
7	A 比 B 强烈重要
9	A 比 B 极端重要

请您填写如下打分表：

1. 在"企业生产安全风险管控水平"目标下，因素的重要性比较：

指标	9	7	5	3	1	3	5	7	9	指标
作业人员安全行为水平										事故应急响应水平
作业人员安全行为水平										物的安全状态水平
物的安全状态水平										事故应急响应水平

2. 在"作业人员安全行为水平"目标下，指标的重要性比较：

指标	9	7	5	3	1	3	5	7	9	指标
安全教育										安全文化
安全教育										安全奖金
安全教育										设备设施水平
安全文化										安全奖金
安全文化										设备设施水平
安全奖金										设备设施水平

3. 在"企业安全教育与培训"目标下，指标的重要性比较：

指标	9	7	5	3	1	3	5	7	9	指标
企业安全员能力										安全教育培训投入
企业安全员能力										教育制度完善程度
安全教育培训投入										教育制度完善程度

4. 在"企业安全文化建设水平"目标下，指标的重要性比较：

指标	9	7	5	3	1	3	5	7	9	指标
企业安全员能力										安全文化建设投入水平
企业安全员能力										安全文化制度完善程度
安全文化建设投入水平										安全文化制度完善程度

5. 在"企业安全法规制度完善程度"目标下，指标的重要性比较：

指标	9	7	5	3	1	3	5	7	9	指标
企业安全员能力										企业主要负责人重视程度

6. 在"企业安全员能力水平"目标下，指标的重要性比较：

指标	9	7	5	3	1	3	5	7	9	指标
安全员经验										安监部门的教育培训
安全员经验										企业主要负责人的重视
安监部门的教育培训										企业主要负责人的重视

7. 在"提升主要负责人重视程度"目标下，指标的重要性比较：

指标	9	7	5	3	1	3	5	7	9	指标
政府安监部门力度										集团安监部门力度
政府安监部门力度										企业负责人自我提升意识
集团安监部门力度										企业负责人自我提升意识

8. 在"物的安全状态水平"目标下，指标的重要性比较：

指标	9	7	5	3	1	3	5	7	9	指标
设备设施硬件水平										政府安监部门隐患排查
设备设施硬件水平										企业安全员的隐患排查
设备设施硬件水平										安全风险预控工作
设备设施硬件水平										班组的日常隐患排查
政府安监部门隐患排查										企业安全员的隐患排查
政府安监部门隐患排查										安全风险预控工作
政府安监部门隐患排查										班组的日常隐患排查
企业安全员的隐患排查										安全风险预控工作
企业安全员的隐患排查										班组的日常隐患排查
安全风险预控工作										班组的日常隐患排查

9. 在"事故应急响应水平"目标下，指标的重要性比较：

指标	9	7	5	3	1	3	5	7	9	指标
应急物资管控水平										企业政府综合应急救援组织与响应水平

10. 在"企业政府综合应急救援组织与响应水平"目标下，指标的重要性比较：

指标	9	7	5	3	1	3	5	7	9	指标
政府安监和企业应急响应										消防、卫生等应急响应

11. 在"应急物资管控水平"目标下，指标的重要性比较：

指标	9	7	5	3	1	3	5	7	9	指标
应急物资配备水平										安监部门对应急物资的隐患排查
应急物资配备水平										企业对应急物资的隐患排查
安监部门对应急物资的隐患排查										企业对应急物资的隐患排查

12. 在"企业对应急物资检查"目标下，指标的重要性比较：

指标	9	7	5	3	1	3	5	7	9	指标
企业安全员能力										企业法规制度

第四部分　中央企业生产安全风险管控水平调查问卷

填写说明：请根据您对本企业的实际掌握情况，对我国当前中央企业生产安全风险管控的整体水平打分。满分是 100 分，分值越高表示风险管控能力越强。

1. 企业生产安全风险管控水平的分数是：_____

2. 企业安全法规制度完善程度的分数是：_____

3. 企业安全文化建设水平的分数是：_____

4. 企业安全教育水平的分数是：_____

5. 企业安全奖金工作的分数是：_____

6. 企业安全投入的充足程度的分数是：_____

7. 企业安全员的能力水平的分数是：_____ ；5 年前的分数是：_____

8. 企业生产安全主要负责人对安全的重视程度的分数是：_____ ；5 年前的分数是：_____

9. 设备设施硬件水平的分数是：_____ ；5 年前的分数是：_____

10. 政府安监部门隐患排查水平的分数是：_____ ；5 年前的分数是：_____

11. 企业安全员的隐患排查的分数是：_____

12. 安全风险预控工作的分数是：_____

13. 班组的日常隐患排查的分数是：_____

14. 政府安监和企业应急响应的分数是：_____ ；5 年前的分数是：_____

15. 企业应急物资配备水平的分数是：_____ ；5 年前的分数是：_____

附录 2 企业生产安全风险管控系统动力学模型常数变量及方程

（1）主要负责人重视对安全投入系数=1

（2）企业主要负责人重视程度=INTEG（企业主要负责人重视程度增加，80）

（3）企业主要负责人重视程度增加=企业风险管控目标差距×实际负责人重视提升系数

（4）企业安全员工作水平=INTEG（安全员工作水平增加，81）

（5）企业安全教育培训=企业安全员工作水平×0.26+安全投入×企业安全教育投入比例×0.64+法规制度完善水平×0.1

（6）企业安全教育投入比例=0.88

（7）企业负责人自身提升系数=1

（8）企业风险管控水平=事故应急响应水平×0.11+作业人员安全行为水平×0.58+物的安全状态水平×0.31

（9）企业风险管控目标差距=潜在企业风险管控目标−企业风险管控水平

（10）作业人员安全行为水平=企业安全教育培训×0.37+安全奖金×0.1+安全文化建设×0.37+设备设施硬件水平×0.16

（11）安全员工作水平增加=0.73×企业主要负责人重视程度增加×负责人重视程度系数+0.19×安监部门教育培训增加×安监教育培训系数+企业安全员工作水平×安全员经验增长率×0.08

（12）安全员经验增长率=0.02

（13）安全奖金=安全投入×安全奖金投入比例

（14）安全奖金投入比例=0.81

（15）安全投入=企业主要负责人重视程度×主要负责人重视对安全投入系数

（16）安全文化建设=安全投入×0.73×安全文化投入比例+企业安全员工作水平×0.19+法规制度完善水平×0.1

（17）安全文化投入比例=0.91

（18）安监教育培训系数=0.5

（19）安监部门教育培训增加=政府安监部门监管力度增加×政府安监教育增加系数

（20）实际负责人重视提升系数=0.65×企业负责人自身提升系数+0.07×政府安监增加系数+0.28×集团安监提升企业负责人重视系数

（21）政府安监增加系数=1

（22）政府安监应急组织与响应水平=INTEG（政府安监部门监管力度增加，80）

（23）政府安监教育增加系数=1

（24）政府安监部门监管力度增加=企业风险管控目标差距×政府安监增加系数

（25）法规制度完善水平=0.1×企业安全员工作水平×法规转换系数+0.9×企业主要负责人重视程度×法规转换系数

（26）法规转换系数=1

（27）潜在企业风险管控目标=80

（28）负责人重视程度系数=0.5

（29）集团安监提升企业负责人重视系数=1

（30）中介对风险预控权重=0.7

（31）中介机构服务=70

（32）企业安全员水平对风险预控权重=0.3

（33）企业安全员隐患排查=企业安全员工作水平×企业安全员隐患排查系数

（34）企业安全员隐患排查系数=1

（35）企业硬件设施改造投入=安全投入×设施改造投入比例

（36）作业人员隐患排查系数=1

（37）安全风险预控=中介机构服务×中介对风险预控权重+企业安全员工作水平×企业安全员水平对风险预控权重

（38）安监部门隐患排查水平=INTEG（安监部门隐患排查水平增加，78）

（39）安监部门隐患排查水平增加=政府安监部门监管力度增加×政府安监部门隐患排查比例系数

（40）政府安监部门监管力度增加=企业风险管控目标差距×政府安监增加系数

（41）政府安监部门隐患排查比例系数=1

（42）日常隐患排查=作业人员安全行为水平×作业人员隐患排查系数

（43）物的安全状态水平=隐患排查水平×0.24+设备设施硬件水平×0.52+安全风险预控×0.24

（44）设备设施寿命=10

（45）设备设施投入比例=0.6

（46）设备设施折旧率=设备设施硬件水平/设备设施寿命

（47）设备设施硬件水平=INTEG（设备设施硬件水平增速−设备设施折旧率，81）

（48）设备设施硬件水平增速=DELAY3I（企业硬件设施改造投入×设备设施投入比例，3，0.75）

（49）设施改造投入比例=1

（50）隐患排查水平=企业安全员隐患排查×0.27+日常隐患排查×0.6+安监部门隐患排查水平×0.14

（51）主要负责人重视对应急响应转换系数=1

（52）事故应急响应水平=综合应急救援组织与响应水平×0.88+应急物资管控水平×0.12

（53）企业应急物资检查=企业安全员工作水平×0.5+法规制度完善水平×0.5

（54）企业应急组织与响应水平=INTEG（应急救援组织与响应水平增加，80）

（55）应急救援组织与响应水平增加=企业主要负责人重视程度增加×主要负责人重视对应急响应转换系数

（56）应急物资寿命=10

（57）应急物资投入比例=0.4

（58）应急物资折旧率=应急物资配备水平/应急物资寿命

（59）应急物资管控水平=企业应急物资检查×0.67+安监部门隐患排查水平×0.09+应急物资配备水平×0.24

（60）应急物资管控水平增速=DELAY3I（企业硬件设施改造投入×应急物资投入比例，3，0.9）

（61）应急物资配备水平=INTEG（应急物资管控水平增速−应急物资折旧率，81）

（62）消防等应急相关监管部门业务水平=INTEG（消防等应急部门业务水平增加，85）

（63）消防等应急相关部门业务增长率=0.01

（64）消防等应急部门业务水平增加=消防等应急相关监管部门业务水平×消防等应急相关部门业务增长率

（65）综合应急救援组织与响应水平=企业应急组织与响应水平×0.53+消防等应急相关监管部门业务水平×0.17+政府安监应急组织与响应水平×0.3

附录 3　中央企业安全生产风险管控水平调查问卷

中石化安全生产风险管控水平调查问卷

1. 企业安全生产风险管控水平的分数是：___95___

2. 企业安全法规制度完善程度的分数是：___90___

3. 企业安全文化建设水平的分数是：___85___

4. 企业安全教育水平的分数是：___90___

5. 企业安全奖金工作的分数是：___80___

6. 企业安全投入的充足程度的分数是：___90___

7. 企业安全员的能力水平的分数是：___90___；5 年前的分数是：___80___

8. 企业安全生产主要负责人对安全的重视程度的分数是：___90___；5 年前的分数是：___80___

9. 设备设施硬件水平的分数是：___85___；5 年前的分数是：___80___

10. 政府安监部门隐患排查水平的分数是：___85___；5 年前的分数是：___75___

11. 企业安全员的隐患排查的分数是：___90___

12. 安全风险预控工作的分数是：___90___

13. 班组的日常隐患排查的分数是：___90___

14. 政府安监和企业应急响应的分数是：___80___；5 年前的分数是：___70___

15. 企业应急物资配备水平的分数是：___85___；5 年前的分数是：___80___

16. 企业物的安全状态水平的分数是：___85___

17. 企业事故应急响应水平的分数是：＿＿85＿＿

某集团公司安全生产风险管控水平调查问卷

1. 企业安全生产风险管控水平的分数是：＿＿80＿＿
2. 企业安全法规制度完善程度的分数是：＿＿80＿＿
3. 企业安全文化建设水平的分数是：＿＿65＿＿
4. 企业安全教育水平的分数是：＿＿70＿＿
5. 企业安全奖金工作的分数是：＿＿30＿＿
6. 企业安全投入的充足程度的分数是：＿＿80＿＿
7. 企业安全员的能力水平的分数是：＿＿80＿＿；5 年前的分数是：＿＿60＿＿
8. 企业安全生产主要负责人对安全的重视程度的分数是：＿＿85＿＿；5 年前的分数是：＿＿80＿＿
9. 设备设施硬件水平的分数是：＿＿75＿＿；5 年前的分数是：＿＿70＿＿
10. 政府安监部门隐患排查水平的分数是：＿＿70＿＿；5 年前的分数是：＿＿60＿＿
11. 企业安全员的隐患排查的分数是：＿＿75＿＿
12. 安全风险预控工作的分数是：＿＿70＿＿
13. 班组的日常隐患排查的分数是：＿＿60＿＿
14. 政府安监和企业应急响应的分数是：＿＿75＿＿；5 年前的分数是：＿＿60＿＿
15. 企业应急物资配备水平的分数是：＿＿70＿＿；5 年前的分数是：＿＿60＿＿
16. 企业物的安全状态水平的分数是：＿＿75＿＿
17. 企业事故应急响应水平的分数是：＿＿75＿＿

中建总公司安全生产风险管控水平调查问卷

1. 企业安全生产风险管控水平的分数是：＿＿80＿＿
2. 企业安全法规制度完善程度的分数是：＿＿80＿＿
3. 企业安全文化建设水平的分数是：＿＿50＿＿
4. 企业安全教育水平的分数是：＿＿70＿＿
5. 企业安全奖金工作的分数是：＿＿50＿＿
6. 企业安全投入的充足程度的分数是：＿＿75＿＿
7. 企业安全员的能力水平的分数是：＿＿80＿＿；5 年前的分数是：＿＿70＿＿

8. 企业安全生产主要负责人对安全的重视程度的分数是：＿＿90＿＿ ；5 年前的分数是：＿＿80＿＿

9. 设备设施硬件水平的分数是：＿＿85＿＿ ；5 年前的分数是：＿＿80＿＿

10. 政府安监部门隐患排查水平的分数是：＿＿80＿＿ ；5 年前的分数是：＿＿75＿＿

11. 企业安全员的隐患排查的分数是：＿＿85＿＿

12. 安全风险预控工作的分数是：＿＿75＿＿

13. 班组的日常隐患排查的分数是：＿＿70＿＿

14. 政府安监和企业应急响应的分数是：＿＿80＿＿ ；5 年前的分数是：＿＿75＿＿

15. 企业应急物资配备水平的分数是：＿＿85＿＿ ；5 年前的分数是：＿＿80＿＿

16. 企业物的安全状态水平的分数是：＿＿80＿＿

17. 企业事故应急响应水平的分数是：＿＿85＿＿

中化集团安全生产风险管控水平调查问卷

1. 企业安全生产风险管控水平的分数是：＿＿80＿＿

2. 企业安全法规制度完善程度的分数是：＿＿90＿＿

3. 企业安全文化建设水平的分数是：＿＿80＿＿

4. 企业安全教育水平的分数是：＿＿80＿＿

5. 企业安全奖金工作的分数是：＿＿50＿＿

6. 企业安全投入的充足程度的分数是：＿＿80＿＿

7. 企业安全员的能力水平的分数是：＿＿80＿＿ ；5 年前的分数是：＿＿70＿＿

8. 企业安全生产主要负责人对安全的重视程度的分数是：＿＿80＿＿ ；5 年前的分数是：＿＿60＿＿

9. 设备设施硬件水平的分数是：＿＿80＿＿ ；5 年前的分数是：＿＿60＿＿

10. 政府安监部门隐患排查水平的分数是：＿＿80＿＿ ；5 年前的分数是：＿＿70＿＿

11. 企业安全员的隐患排查的分数是：＿＿70＿＿

12. 安全风险预控工作的分数是：＿＿70＿＿

13. 班组的日常隐患排查的分数是：＿＿70＿＿

14. 政府安监和企业应急响应的分数是：＿＿80＿＿ ；5 年前的分数是：＿＿60＿＿

15. 企业应急物资配备水平的分数是：＿＿80＿＿ ；5 年前的分数是：＿＿70＿＿

16. 企业物的安全状态水平的分数是：＿＿80＿＿

17. 企业事故应急响应水平的分数是：＿＿85＿＿

后　　记

在本书即将出版之际，我要衷心感谢汪寿阳教授和乔晗副教授给予我的悉心指导和帮助。汪老师知识渊博、学风严谨、为人正派，从本书的选题、修改直到定稿，他始终认真负责地给予我深刻而细致的指导，帮助我开拓研究思路，精心点拨、热忱鼓励；乔老师不仅为本书的构思与创新殚精竭虑，还在本书的最后修改过程中给予了我极大的帮助和无微不至的关怀。师恩深重，我终生难忘，在此谨向两位老师表达我最崇高的敬意和最诚挚的谢意！

特别感谢中国船舶信息中心的张英香研究员、王吉武博士、陈健博士、金浩博士、郭建华博士和潘长城在本书研究过程中提供的帮助；此外，天津理工大学的赵代英老师、全球能源互联网研究院的刘超博士也对本书部分研究内容给予了大力的支持，在此表示衷心的感谢。

在本书的完成过程中，我得到了 WSR 理论创始人、中国科学院数学与系统科学院研究员顾基发先生的指导，在此表示感谢。

此外，还要感谢我的妻子、女儿和儿子，他们在背后的支持是我研究的信心和力量的源泉，我取得的进步和成绩都离不开他们无私的付出。

谨向所有支持和帮助我的亲人、朋友和同事表示感谢！

柳长森

2017 年 12 月